ビジネス iPad

目指せ達人 基本 & 活用術

小山香織 [著]

マイナビ

●モデルによる違いについて

iPadには複数のモデルがあり、それぞれ違いがあります。操作に影響が大きいポイントを以下の表にまとめておりますので、ご注意ください。

	画面のサイズ	ホームボタン	コネクタ	利用できるApple Pencil	利用できるApple製iPad用キーボード
12.9インチiPad Pro（第5世代）	12.9インチ	なし	Thunderbolt / USB 4対応のUSB-C	第2世代	Magic KeyboardとSmart Keyboard Folio
11インチiPad Pro（第3世代）	11インチ	なし	Thunderbolt / USB 4対応のUSB-C	第2世代	Magic KeyboardとSmart Keyboard Folio
iPad Air（第4世代）	10.9インチ	なし	USB-C	第2世代	Magic KeyboardとSmart Keyboard Folio
iPad（第8世代）	10.2インチ	あり	Lightning	第1世代	Smart Keyboard
iPad mini（第5世代）	7.9インチ	あり	Lightning	第1世代	なし

※2021年7月現在の現行モデルです。

ご注意

本書に掲載されている内容や画面は2021年7月時点の情報に基づいて執筆・制作されております。今後、iPadOSやアプリのアップデートにより内容や画面が変更される可能性があります。また、本書に記載された内容は、情報の提供のみを目的としています。本書を用いての運用は、すべて個人の責任と判断において行ってください。なお、本書で掲載している価格は税込みです。

本書で解説しているアプリやサービスを利用するには、インターネット接続が必要になります。
一部を除き、スクリーンショットは横向きで作成しています。縦向きに持つと表示が異なることがあります。
本書のスクリーンショットはiPad（第8世代）、iPadOS 14.6で作成しました。iPadのモデルやOSのバージョンにより一部異なることがあります。iPadOS 15で操作が大きく異なる点については、以下のサポートサイトで補足情報として掲載予定です。

本書のサポートサイト
https://book.mynavi.jp/supportsite/detail/9784839976705.html
本書の訂正情報や補足情報などを適宜掲載していきます。

■本書の制作にあたっては正確な記述につとめましたが、著者や出版社のいずれも、本書の内容に関してなんらかの保証をするものではなく、内容に関するいかなる運用結果についてもいっさいの責任を負いません。あらかじめご了承ください。
■本書中の会社名や商品名は、該当する各社の商標または登録商標です。
■本書中では™および®マークは省略させていただいております。
■本書の内容は著者の個人的な見解であり、所属企業及びその業務と関係するものでありません。

はじめに

本書を手に取ってくださり、ありがとうございます。

仕事でiPadを使う環境は、年々整ってきています。その背景として、iPadOSが進化して[ファイル]アプリやSplit Viewなどが追加された、キーボードやマウス、トラックパッドも使える、現行のすべてのモデルでApple Pencilが使える、ビジネス向けのアプリやクラウドサービスが充実してきた、などが挙げられます。もちろん、iPadのハードウェアの性能が上がっていることも重要な要因です。

そして2020年以降のコロナ禍もあり、いつも使っている環境をどこへでも持ち運べる利便性もありがたいものです。

本書は、iPadを仕事でどう使うかを考えて制作しました。そのため、Chapter1の「バックアップをとる」など、ごく一部を除いてパソコンは登場しません。

iPadで快適に便利に仕事をするために、本書が少しでもお役に立てば幸いです。

なお、この書籍の執筆も、大半の作業にiPadを使いました。また、Chapter7のサンプル書類を除き、すべてペーパーレスで進行しました。ビジネスユースと書籍執筆は異なるかもしれませんが、どの作業に何のアプリを使ったかを紹介します。

全体の構成やページ数の検討、章やページ数ごとの進行管理……Numbers

執筆……Dynalist（アウトラインプロセッサ）で解説の順番を考えながら執筆。Dynalistからテキスト形式で書き出し、Bear（テキストエディタ）で仕上げ

タスク管理……Trello

校正……PDFで受け取り、Adobe Acrobat ReaderでApple Pencilを使って校正

ちょっとしたメモ……メモ（iPadの標準アプリ）

筆者はiPadのほかにiPhoneとMacを使っているので、その3種類のデバイスで作業ができるアプリを選びました。いずれもiCloudまたは各サービスのクラウドでデータを同期できます。

2021年7月

小山香織

Contents

●目次

Chapter1 仕事に必須の基本操作 ———— 11

Chapter 8　ほかの人と連携する　211

Chapter 9　セキュリティに気をつけよう　229

本書の使い方

◎重要なポイントが箇条書きになっているからわかりやすい！
◎画面と操作手順でしっかり解説
◎もっと詳しく知りたい人にヒントとコラムで説明

> 重要なポイントは、
> まずここで確認しましょう

> ていねいな操作手順があるので
> 操作に迷うことがありません

---

05 キーボードの位置を変える

Point
- 画面上のキーボードを分割したり移動したりできる
- スマートフォンと同様のキーボードで日本語をフリック入力できる

　初期設定では画面下部に固定されているキーボードの位置を変えて、好みに応じて入力しやすくしましょう。フローティングキーボードにすると、スマートフォンに似た操作で日本語を入力できます。

分割キーボードを使う

1 分割キーボードにする

右下のキーを長く押し、そのまま指を滑らせて[分割]を選択します。

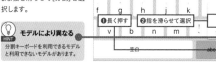

HINT モデルにより異なる
分割キーボードを利用できるモデルと利用できないモデルがあります。

❶長く押す　❷指を滑らせて選択

固定解除　分割　フローティング

> 効果的な機能の
> 使い道や、
> 詳しい情報なども
> 紹介しています。
> モデルにより
> 違いがある場合は
> 注意が入ります

2 分割キーボードになった

キーボードが分割されました。両手でiPadを持って入力するのに便利です。右図は日本語ローマ字キーボードですが、英語キーボードも同様です。右下のキーを下へドラッグすると、通常のキーボードに戻ります。

❶分割キーボード

❷ドラッグして
通常のキーボードに戻す

Chapter1
仕事に必須の基本操作

iPadを仕事で使うために知っておきたい基本操作や設定を紹介します。スマートフォン、特にiPhoneと共通する部分も多くありますが、画面の大きいiPadならではの操作や仕事の効率化に役立つ機能を知っておきましょう。本書では自分で自由に使えるiPadを想定して解説します。会社で管理されているiPadでは、設定を変更できない、アプリをインストールできないなどの制限がかかっていることがあります。

01 初期設定を確認する

Point
● 勤務先から支給されたiPadには制限がかかっていることがある
● iPadを使う上でApple IDは基本的に必須

　勤務先から支給されたり初期設定を指示されたりしたiPadでは、その後の利用に制限がかかっていることがあります。またiPadを使う上でApple IDはほぼ必須です。さらにApple IDを使ってiCloudにサインインすると、iPadの利便性が向上します。

利用に制限がかかっている場合がある

　仕事用のiPadとして、勤務先から設定済みのものを渡されたり、「プロファイル」と呼ばれる設定ファイルをインストールするように指示されたりすることがあります。このようなiPadでは、利用できるアプリが制限されている、アプリを自分で追加できない、設定の一部を変更できないなど、利用に制限がかかっている場合があります。

　これに対し、自分で設定して管理するiPadではそのような制限はありません。本書では利用や設定の制限はないものとして解説します。

Apple IDはほぼ必須

　Appleのさまざまなサービスを利用するためのアカウントがApple IDです。基本的には、Appleのサービスであるクラウドに Apple IDでサインインした状態でiPadを使います。またアプリの入手のほか、音楽や映画の配信サービスでもApple IDを利用します。

　iCloudにサインインせずに使うこともできますが、サインインすることでデータの同期やバックアップができる、紛失した際に探せる可能性があるなど、多くの利点があります。iCloudにサインインしているかどうか確認し、まだしていなければサインインしましょう。

使用するApple ID

iPhoneを使っていれば、Apple IDをすでに持っている場合がほとんどでしょう。同じApple IDをiPadで使うと、iCloudにサインインしてiPhoneとiPadでデータを同期できる、［メディアと購入］にサインインしてiPhoneで購入したアプリをiPadにもダウンロードできるなどの利点があります。
Apple IDをまだ持っていなければ新たに作成できます。iCloudにサインインする画面で［Apple IDをお持ちでないか忘れた場合］をタップし、自分が使っているメールアドレスをApple IDとして作成します。［App Store］でアプリを入手する際に作成することもできます。

02 iCloudにサインインする

- ●購入直後の設定アシスタントでサインインしていることが多い
- ●[iCloud]と[メディアと購入]の両方にサインインして使うのが基本

　iPadに初めて電源を入れたときに表示される設定アシスタントでiCloudにサインインするステップがあるため、その段階ですでにサインインしていることが多いでしょう。[設定]で確認し、まだであればサインインして使いましょう。

1 [設定]を開く

ホーム画面で[設定]をタップして開きます。

2 サインインしているか確認する

左上に自分の名前が書かれていればタップします。[iCloud]と[メディアと購入]に[オフ]と書かれていなければ、両方のサービスにサインインしています。[メディアと購入]がアプリ、音楽、映画などのサービスを指しています。

> **HINT [iCloud]と[メディアと購入]**
>
> [iCloud]と[メディアと購入]のどちらか一方にのみサインインしたり、別のApple IDを利用したりすることもできます。ただし、両方にサインインする方が快適で便利ですし、同一のApple IDの方が管理が楽でしょう。

3 サインインを始める

どちらにもサインインしていない場合は[iPadにサインイン]と書かれています。ここをタップします。

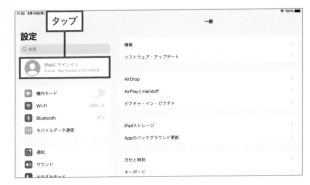

4 サインインする

画面の指示に従ってサインインします。

TIPS サインアウトする

別のApple IDを使いたい、[メディアと購入]は別のApple IDを使いたいなどの場合はサインアウトします。前ページの2の画面をいちばん下へスクロールして[サインアウト]をタップし、その後Apple IDのパスワードを入力するなど画面の指示に従います。[メディアと購入]だけサインアウトしたい場合は、[メディアと購入]をタップし、ダイアログが開いたら[サインアウト]をタップします。

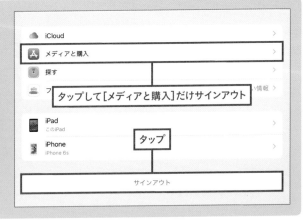

03 アプリの起動や切り替えをする

Point
● 別のアプリを起動したりアプリを切り替えたりする操作を覚えよう
● Appスイッチャーでアプリの切り替えや終了ができる

　素早く別のアプリを起動したりアプリを切り替えたりする操作を覚えると、仕事の効率が
アップします。動作が不安定になっているアプリなどはAppスイッチャーから終了して起動し
直します。

■ アイコンをタップして起動する

ホーム画面でアプリのアイコ
ンをタップすると起動します。

■ ホーム画面に戻る

アプリの画面からホーム画面
に戻るには、ホームボタンを
押すか、画面のいちばん下か
ら上方向にスワイプします。

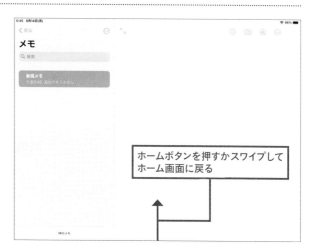

ホームボタンを押すかスワイプして
ホーム画面に戻る

■ Dockを表示する

アプリの画面で画面のいちばん下から少しだけ上方向にスワイプするとDockが表示され、ここからアイコンをタップして別のアプリを開くこともできます。

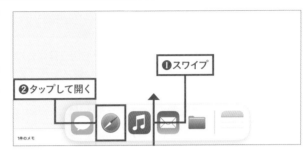

■ Appスイッチャーを表示する

画面のいちばん下から上方向に画面の中ほどまでスワイプするか、ホームボタンを2回押すと、開いているアプリの一覧が表示されます。この画面をAppスイッチャーといいます。使いたいアプリをタップして切り替えます。

■ アプリを終了する

しばらく使わないアプリや動作が不安定になっているアプリは、Appスイッチャーで上へスワイプすると終了できます。

04 | Slide Overで表示する

　スマートフォンより大きいiPadの画面を生かして、アプリを2つまたは3つ同時に表示できます。これによりパソコンに似た使用感になり、仕事に便利です。資料を見ながら報告書を書く、あるアプリから別のアプリにデータをコピーするなどの作業で活用しましょう。

　まず、アプリを重ねて表示するSlide Overから紹介します。例として[メモ]と[Safari]で解説しますが、Slide Overに対応しているアプリなら操作は同じです。

1 Dockを表示してアイコンをドラッグする

[メモ]が開いています。画面のいちばん下から少しだけ上方向にスワイプしてDockを表示し、[Safari]のアイコンを右上へドラッグします。重なった状態になったら指を離します。

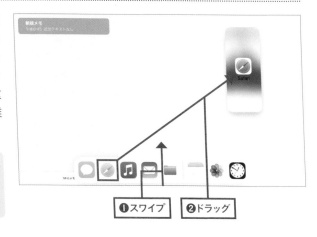

❶スワイプ　❷ドラッグ

HINT
左上にドラッグする

[Safari]のアイコンを左上へドラッグしてもかまいません。

2 Slide Overになった

Slide Overになりました。上部を左右にドラッグしてSlide Overを移動できます。

ドラッグして移動

3 Slide Overのアプリを置き換える

再びDockを表示し別のアプリのアイコンをドラッグしてSlide Overに重ねると、Slide Overのアプリが置き換えられます。

4 Slide Overのアプリを切り替える

このようにしてSlide Overのアプリを置き換えた後、下部を左右にスワイプするとこれまでSlide Overにしたアプリが順に切り替わります。

🎓 TIPS Slide Overを Split Viewにする

Slide Overの上部を画面の右端か左端のやや下方向へドラッグすると、後述するSplit Viewになります。

5 Slide Overのアプリを一覧表示する

下部を少しだけ上方向にスワ
イプすると、これまでにSlide
Overにしたアプリが表示さ
れ、タップして選択できます。

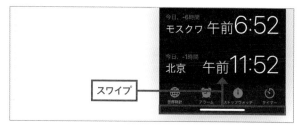

6 Slide Overをやめる

Slide Overをやめるには、上
部を画面の右端へドラッグし
ます。

 **再度Slide Overを
表示する**

Slide Overをやめた後でまた表示
するには、画面の右端から左へス
ワイプします。

05 | Split Viewで表示する

Point
- ●アプリとアプリを並べるSplit View
- ●Split ViewとSlide Overを組み合わせると3つ表示できる

2つのアプリを同時に表示する方法としてもうひとつ、アプリを並べて表示するSplit Viewを紹介します。

1 Dockを表示してアイコンをドラッグする

[メモ] が開いています。画面のいちばん下から少しだけ上方向にスワイプしてDockを表示し、[Safari] のアイコンを右上または左上へドラッグします。画面の端に余白が表示されたら指を離します。

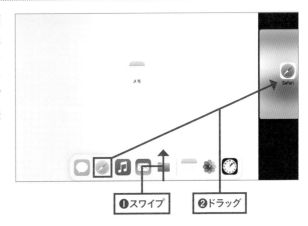

❶スワイプ **❷ドラッグ**

2 Split Viewになった

Split Viewになりました。境界線を左右にドラッグして大きさを変えられます。

ドラッグ

3 Split Viewを別のアプリにする

再びDockを表示し別のアプリのアイコンをドラッグしてSplit Viewに重ねると、Split Viewのアプリが置き換えられます。

4 Split Viewをやめる

Split Viewをやめるには、境界線を画面の右端または左端へドラッグします。

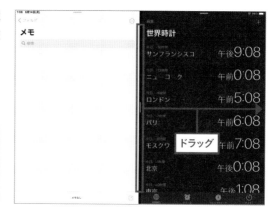

 Split Viewを Slide Overにする

Split Viewの上部を下方向に、画面の縦方向の中ほどまでスワイプすると、Slide Overになります。

3つのアプリを 同時に表示する

2つのアプリをSplit Viewにして、Dockからさらに別のアイコンを境界線にドラッグします。すると3つめのアプリがSlide Overになり、3つのアプリを同時に表示できます。

06 複数のウインドウを開く

Point
- 1つのアプリのウインドウを並べて使える
- 複数のウインドウを開き、切り替えながら使える

アプリによっては、同じアプリのウインドウをSlide OverまたはSplit Viewで2つ並べることもできます。調べ物をしたり書類を見ながら別の書類を作ったりするのに便利です。また、1つのアプリのウインドウを複数開いたままにして、切り替えながら使う方法もあります。

1 同一アプリの2つのウインドウを並べる

[メモ]や[Safari]はSlide OverまたはSplit Viewでウインドウを2つ並べる使い方に対応しています。

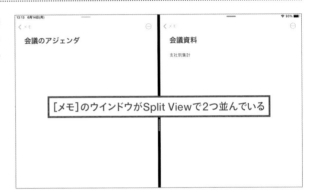

[メモ]のウインドウがSplit Viewで2つ並んでいる

2 すべてのウインドウを表示する

1つのアプリで複数のウインドウを開き、切り替えながら使うこともできます。例として[メモ]で解説します。ホーム画面で[メモ]を長く押し、メニューが表示されたら[すべてのウインドウを表示]を選択します。

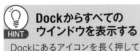
Dockからすべてのウインドウを表示する
Dockにあるアイコンを長く押して[すべてのウインドウを表示]を選択することもできます。

3 新規ウインドウを開く

⊕をタップします。

4 新規ウインドウで作業をする

最初とは別のウインドウが開いた状態です。ホーム画面またはDockで[メモ]を長く押し、[すべてのウインドウを表示]を選択します。

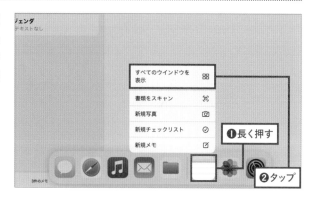

5 ウインドウの一覧が表示される

開いているウインドウが表示され、使いたいウインドウをタップして選択できます。使わないウインドウがあれば上へスワイプして閉じます。

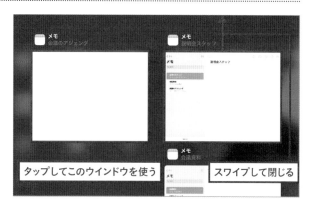

Point
- ●アプリはApp Storeで入手する
- ●入手にはApple IDが必要

　[App Store]を起動し、目的のアプリを見つけて入手します。有料アプリやサブスクリプションの料金を支払うには、Apple IDにクレジットカード情報を追加するか、コンビニや家電量販店などで販売されているプリペイドカードを購入してApple IDにその情報を登録します。

1 [App Store]を起動する

ホーム画面で[App Store]をタップして起動します。

2 位置情報を設定する

起動後に位置情報の利用を許可するかどうか尋ねるダイアログが開きます。許可すると、現在地に関連するアプリが優先的に表示されます。許可してもしなくても、どちらでもかまいません。

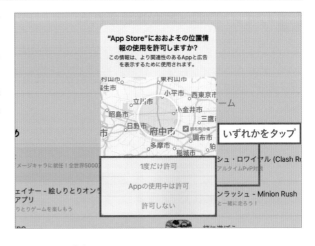

3 タップして探す

ブラウザでWebを見るときと
同様に、気になる項目をタッ
プしてアプリを探します。

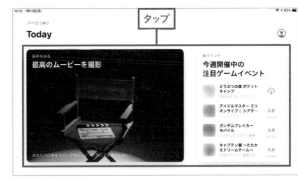

4 検索して探す

画面右下の[検索]をタップし
てから、アプリ名などで検索
して見つけることもできます。

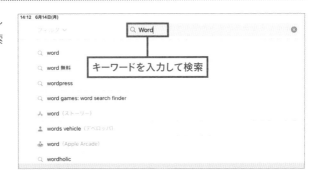

5 インストールする

[入手]、または金額のボタン
をタップします。この後、
Apple IDの認証などのダイア
ログに従い、入手します。

 有料アプリの支払い
HINT

クレジットカードやプリペイドカード
の情報を登録するには、3 の画面
で、右上にある 🖭 をタップします。

08 アプリをアップデートする

　アプリのアップデートには機能の追加、不具合の修正、セキュリティの向上などのメリットがあるため、基本的には最新バージョンを使いましょう。ただし勤務先からバージョンの指示がある場合などはそれに従います。

1 アイコンにバッジが表示される

インストール済みのアプリの
アップデートがあると、ホーム
画面の［App Store］アイコン
に件数を表すバッジが表示
されます。タップして起動し
ます。

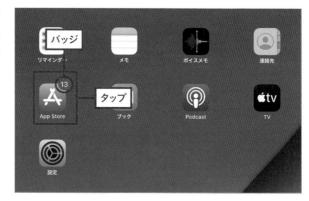

2 アカウントのアイコンをタップする

［App Store］のアカウントの
アイコンにもバッジが表示さ
れます。このアイコンをタッ
プします。

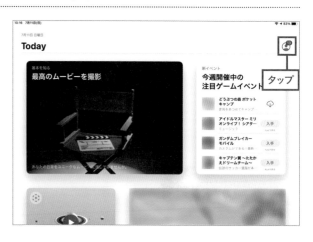

3 アップデートする

アップデートのあるアプリが表示されます。[すべてをアップデート]をタップするか、1つずつ[アップデート]をタップします。

自動アップデートもできる

自動アップデートについてはChapter 9で解説します。

---

iPhone用のアプリをインストールする

iPhone用のアプリもiPadにインストールできます。

iPhone用のアプリをインストールした後に起動すると小さいサイズで表示されますが、画面の右下にある▨をタップして拡大表示にすることができます。

この図はラジオ番組をネット配信で聴ける[radiko]というアプリです。

タップ

拡大される

09 ホーム画面を整理する

Point
●アイコンをドラッグして重ねるとフォルダが作られる
●複数のアイコンを同時に移動する操作もある

　アプリを入手するとホーム画面のアイコンが増え、ページに収まらなくなったら自動でページも増えます。使いやすい順番に並べたり、フォルダにまとめて整理したりしましょう。

1 アイコンを移動する

ホーム画面のアイコン、またはアイコンのないところを長く押します。アイコンが震え始めたら、アイコンをドラッグして並べ替えられます。左右の端へドラッグすると前のページや次のページへ移動します。

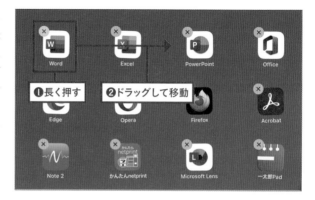

2 Dockのアイコンを入れ替える

Dockのアイコンもドラッグして入れ替えたり追加したりすることができます。Dockはホーム画面のどのページでも常に表示されているので、よく使うアプリを入れておくとよいでしょう。

3 フォルダにまとめる

アイコンをドラッグして別の
アイコンに重ねるとフォルダ
になります。フォルダができた
ら、さらに別のアイコンをフォ
ルダにドラッグして追加でき
ます。

4 複数のアイコンを選択して移動する

1つのアイコンを押したまま少
しだけ動かします。1つめのア
イコンを押したまま別のアイ
コンをタップすると次々に選
択され、ドラッグして同時に移
動できます。

5 ホーム画面のページを移動する

アプリが増えると、ホーム画
面のページが増えます。アイ
コンのないところを左右にス
ワイプしてページを移動でき
るほか、Dockの上にある点
が並んだ部分をドラッグして
離れたページへも素早く移動
できます。

> **HINT**
> **素早く1ページめに戻る**
>
> ホーム画面の何ページめが表示さ
> れていても、ホームボタンを押すか
> 画面のいちばん下から上へスワイ
> プすると1ページに戻ります。

10 通知を活用する

Point
- 通知から操作できるアプリもある
- バナーが自動で消えるようにするなど使いやすい設定にしよう

初回起動時に通知を許可するかどうか尋ねるダイアログが開くアプリがたくさんあります。ここで許可すると、その後はアプリからの通知が画面上部やロック画面に表示されるようになります。

1 通知が表示される

アプリからの通知は、少し経つと自動で消えるタイプと消えないタイプがあります。どちらの場合も、上へスワイプすると消えます。通知をタップすると、そのアプリが開きます。

2 通知から操作する

アプリによっては通知から操作できます。右図は[リマインダー]の通知で、通知を下へスワイプすると[実行済みにする]などの操作ができます。

3 [設定]の[通知]でアプリをタップする

通知の設定を変更するには、ホーム画面で[設定]をタップして開き、[通知]をタップします。設定を変更したいアプリをタップします。

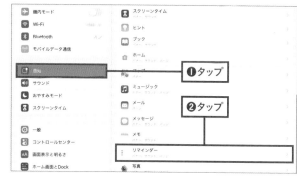

❶タップ

❷タップ

4 バナースタイルを選ぶ

[バナースタイル]をタップすると、自動で消える[一時的]か自動では消えない[持続的]のどちらかを選択できます。

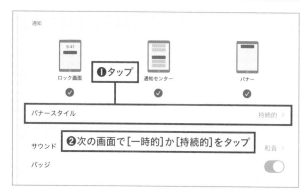

❶タップ

❷次の画面で[一時的]か[持続的]をタップ

5 通知を許可する

アプリの一覧に[オフ]と書かれているのは、初回起動時に通知を許可しない設定にしたアプリです。タップして通知を許可することができます。

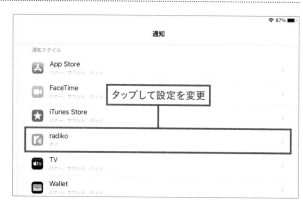

タップして設定を変更

11 [今日の表示]を活用する

Point
- [今日の表示]からアプリの起動などができる
- ウィジェットの並べ替え、追加、削除をして便利に使おう

　ホーム画面の1ページめに表示される[今日の表示]は、すぐ知りたい情報を見たり、よく使うアプリを起動したりするのに便利です。[今日の表示]に表示される一つひとつの項目を[ウィジェット]といいます。なおiPad miniは画面が小さいため、[今日の表示]は利用できますが本書に掲載の図とは少し異なります。

1 [今日の表示]を表示する

ホーム画面の1ページめで右
へスワイプすると[今日の表
示]が表示されます。よく使う
情報を見たり、ウィジェットを
タップしてアプリを起動した
りすることができます。

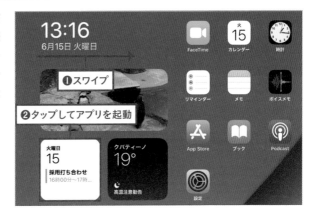

2 ウィジェットの設定を変更する

設定を変更できるウィジェッ
トもあります。例として[天気]
を長く押し、メニューが表示
されたら[ウィジェットを編集]
をタップします。次の画面で、
どの都市の天気を表示する
かを設定できます。

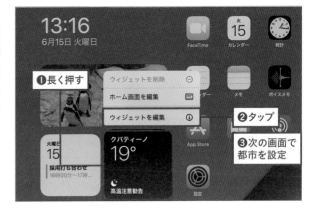

3 [今日の表示]を編集する

[今日の表示]を表示し、アイコンが揺れている状態にします。ウィジェットをドラッグすると並べ替えられます。ウィジェットを追加するには、画面左上の [+] をタップします。

💡 **ホーム画面に固定**
HINT

左上にある[ホーム画面に固定]のスイッチをタップしてオンにすると、ホーム画面の1ページめに常に[今日の表示]が表示されます。

4 ウィジェットを追加する

追加したい項目をタップします。この後、表示サイズや内容を選択するアプリもあります。選択したら[ウィジェットを追加]をタップします。

5 アプリによっては[カスタマイズ]から追加する

アプリによっては、[今日の表示]をいちばん下へスクロールし、[カスタマイズ]をタップして追加や削除をするものもあります。

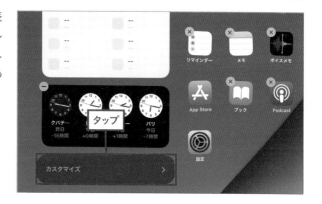

いちいち[設定]を開かなくても、コントロールセンターからよく使う設定を変更できます。よく使う設定項目をコントロールセンターに追加すると、さらに便利になります。

1 タップやドラッグで設定する

画面の右上から下へスワイプしたときに表示されるのがコントロールセンターです。タップやドラッグでよく使う設定を変更したり、タップしてアプリを起動したりすることができます。

スワイプ

2 項目を長く押す

長く押すと詳しい設定が表示される項目もあります。例えば画面の明るさの設定を長く押すと、[ダークモード]などの設定が表示されます。

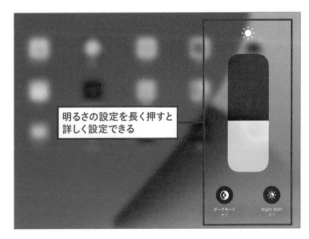

明るさの設定を長く押すと
詳しく設定できる

3 [設定]で項目を追加する

[設定]を開き、[コントロールセンター]をタップします。追加したい項目の⊕をタップします。

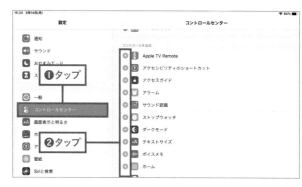

4 表示される順番を変える

右端を上下にドラッグすると、コントロールセンターに表示される順番を変更できます。

5 項目を削除する

⊖をタップし、右端に[削除]と表示されたらタップします。するとコントロールセンターに表示されなくなります。

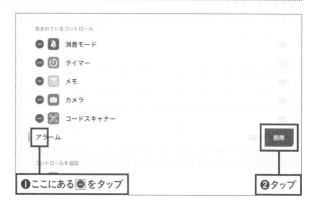

35

13 バックアップをとる

Point
● iCloudを使う方法とパソコンを使う方法がある
● Windowsパソコンでは[iTunes]をあらかじめインストールする

　万一の故障などに備えて、iPadのバックアップをとっておきましょう。バックアップがあれば、修理や交換などをした後でバックアップから以前の環境を復元できます。バックアップにはiCloudを利用する方法とパソコンを使う方法があります。

iCloudでバックアップをとる

1 [設定]を開く

[設定]を開きます。自分の名前の部分をタップし、[iCloud]をタップします。

2 iCloudバックアップをオンにする

[iCloudバックアップ]をタップします。次の画面でスイッチをタップしてオンにします。今後、iPadが電源に接続され、ロックされ、Wi-Fiに接続されているときにiCloudにバックアップが作成されます。

iCloud Driveの容量

TIPS

iCloud Driveは無料で5GBまで利用できます。容量が足りなくなったら有料で追加できます。この画面の上の方にある[ストレージを管理]をタップしてストレージプランを変更します。

パソコンを使う

■ Windowsパソコンを使う

Windowsパソコンに[iTunes]がインストールされていなければ、Microsoft Storeか
Appleのサイトからインストールします。iPadとWindowsパソコンをケーブルで接続し、
[iTunes]で[今すぐバックアップ]をクリックします。

■ Macを使う

Macの場合、macOS Mojave 10.14以前では[iTunes]、macOS Catalina 10.15以降で
はFinderウインドウを使用します。下図はmacOS Big SurのFinderウインドウです。iPadと
Macをケーブルで接続し、[今すぐバックアップ]をクリックします。

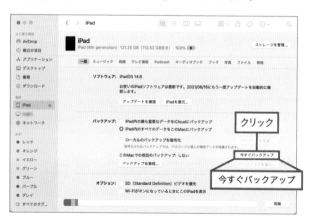

 自動でバックアップが始まることがある

パソコンに接続すると、自動でバックアップが始まることがあります。

14 AirDropでファイルを送受信する

- 近くにあるApple製のデバイス間で簡単にデータを受け渡しできる
- プライバシーに注意

　AirDropは、Apple製のデバイスであるiPad、iPhone、iPod touch、Macの間で簡単にデータの受け渡しができる便利な機能です。本書では[ファイル]アプリに保存したPDFファイルを送る手順を解説しますが、AirDropに対応しているアプリなら同様の操作で利用できます。[ファイル]アプリはChapter4で解説します。

1 受信する設定を始める

受信側はコントロールセンターで通信の機能の部分を長く押します。

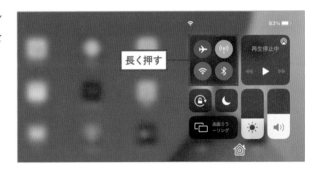

長く押す

2 受信する設定にする

[AirDrop]をタップします。この後、ダイアログが開いたら[連絡先のみ]か[すべての人]をタップします。

HINT [連絡先のみ]を
利用する

受信側と送信側の双方がiCloudにサインインしていて、受信側の[連絡先]アプリに送信側のApple IDまたは携帯電話番号が登録されていることが必要です。双方のデバイスが同じApple IDでiCloudにログインしている場合も[連絡先のみ]を利用できます。

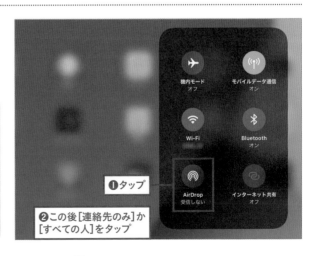

❶タップ

❷この後[連絡先のみ]か
[すべての人]をタップ

3 送信を始める

送信側は[ファイル]アプリで
送りたいPDFを開き、共有ア
イコンをタップします。[Air
Drop]をタップします。

4 デバイスを選んで送信する

送信先のデバイスをタップし
ます。

表示されるデバイス名

TIPS

上の図のように送信側のデバイス
に表示される名前は、受信側で[設
定]を開き、[一般]→[情報]→[名前]
をタップして変更できます。わかり
やすい名前に変更すると便利です。
また、この名前に[小山香織のiPad]
というように個人名が含まれている
と、AirDropを[すべての人]にした
ままiPadを外に持ち出したときにほ
かのデバイスに表示されてしまいま
す。用心のために変えておいたほう
がいいでしょう。

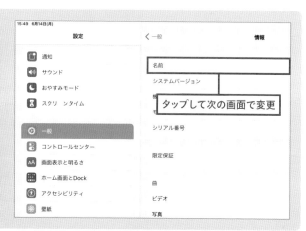

5 受信する

受信側にメッセージが表示されます。[受け入れる]をタップします。

このメッセージが 表示されない場合

送受信の双方のデバイスが同じApple IDでiCloudにログインしている場合、このメッセージは表示されず、すぐに受信されます。

6 アプリを選ぶ

受信側のiPadにインストールされている、PDFを読み込めるアプリが表示されます。受信したPDFを受け取って開くアプリをタップして選択します。

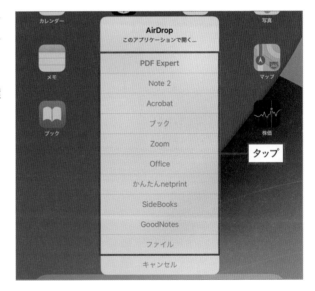

使い終わったらオフにする

前述の通り、AirDropを[すべての人]にしたままだと周囲にあるデバイスに表示されるため、外出先で知らない人から不快な画像を送られるなどの嫌がらせに遭う恐れがあります。また職場で[連絡先のみ]や[すべての人]のままにしておくと、送信側に表示されるデバイスが多すぎて紛らわしいことがあります。AirDropを使い終わったら[受信しない]に戻すとよいでしょう。

15 | iPadOSをアップデートする

Point
- アップデートは電源を利用できるときに実行する
- 会社からの指示がある場合にはバージョンに注意する

　iPadOSをアップデートすると機能が追加されたりセキュリティの問題が解決したりするので、できるだけ最新バージョンを使用しましょう。iPadOS 13から14へといったメジャーアップデートも、14.5から14.6へといったマイナーアップデートも、操作は同じです。

　ただし、業務で使うアプリの都合などでOSのバージョンが指定されていることもあります。その場合は勤務先などの指示に従います。

1 [設定]を開く

[設定]を開きます。[一般]を
タップし、[ソフトウェア・アップデート]をタップします。

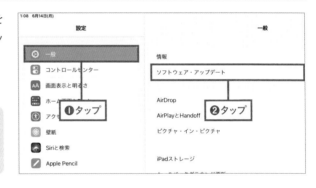

HINT 自動アップデートできる
自動アップデートについては
Chapter9で解説します。

2 アップデートする

アップデートがあれば表示されます。[ダウンロードしてインストール]をタップします。この後、画面の指示に従ってアップデートします。

HINT 電源を利用できる場所でアップデートする
途中で、電源に接続するように求められることがあります。電源を利用できる状況で実行しましょう。

16 | 共有アイコンを使う

 Point
- 多くのアプリに共有アイコンがある
- ほかのアプリにデータを送ることができる

　共有アイコンからAirDropを利用する操作を前述しましたが、このアイコンにはAirDropだけでなく、別のアプリにデータを送るなど便利な機能がたくさんあります。このアイコンから使える機能はアプリにより異なります。いくつか例を紹介します。

1 [写真]アプリから共有する

[写真] アプリで写真を開き、共有アイコンをタップします。この写真を[メッセージ] や[メール]で送信したり、ほかのアプリに送ったりすることができます。

2 さらに別のアプリを見つける

送り先にしたいアプリのアイコンが表示されていない場合は、スワイプして右端の[その他]をタップします。この後、iPadにインストールされているアプリのうち、写真を受け取れるアプリの一覧が表示されるのでタップして選択します。

3 アプリに送る以外の機能を使う

下の方には、ほかのアプリに送る以外の機能があります。例えば[写真をコピー]をタップし、別のアプリの書類にペーストできます。

HINT ["ファイル"に保存]

多くのアプリに["ファイル"に保存]の項目があります。[ファイル]アプリはChapter4で解説します。

利用したい機能をタップ

4 [Safari]から共有する

[Safari]の共有アイコンからリマインダーやメモを作成できます。Webページをブックマークやお気に入りに追加する機能もここにあります。

タップ

5 [マップ]から共有する

[マップ]で地図を長く押すとメニューが表示され、[場所を送信]に共有アイコンが付いています。ここをタップすると位置情報を含むリンクを[メッセージ]や[メール]で送信できます。待ち合わせなどに便利です。

❶長く押す

経路
発信
ホームページを開く
場所を送信

❷タップ

スクリーンショットを撮る

Point
- ●撮ったスクリーンショットに書き込みができる
- ●Webページ全体を保存することもできる

画面の写真を撮るようにそのまま画像として保存する機能がスクリーンショットです。Apple Pencilを使って素早く撮ったり、スクリーンショットに書き込みをしたりすることもできます。

1 本体のボタンを押して撮る

ホームボタンがあるiPadではトップボタンとホームボタン、ホームボタンがないiPadではトップボタンと音量を上げるボタンを同時に押して、スクリーンショットを撮ります。

 Apple Pencilで撮る
TIPS

撮りたい画面が表示されている状態で、Apple Pencilで画面の下側の隅から斜め上へスワイプします。すると **3** の画面になります。

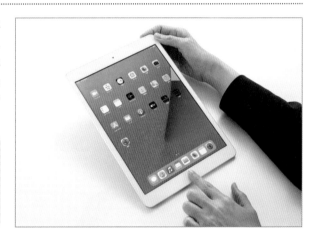

2 サムネイルが表示される

撮ったスクリーンショットのサムネイル(縮小表示)が左下に表示されます。そのままにしておくとサムネイルは消え、スクリーンショットは[写真]アプリに保存されます。

3 書き込みをする

サムネイルが消える前にタップするとこの画面になり、気になるところに囲みを付けるなど、書き込みをすることができます。書き込んだ後に[完了]をタップします。

❶書き込みをする

❷タップ

4 保存する

[写真]アプリか[ファイル]アプリに保存します。このスクリーンショットを保存せずに削除することもできます。

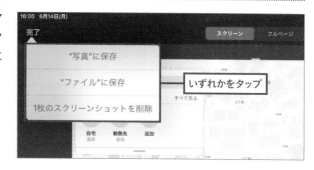

いずれかをタップ

5 [Safari]でWebページ全体を保存する

[Safari]でスクリーンショットを撮った後にサムネイルをタップすると、見えているところだけを保存するか、ページ全体を保存するかを選択できます。

HINT

フルページで保存

フルページの場合は左上の[完了]をタップして、PDFとして[ファイル]アプリに保存します。[写真]アプリには保存できません。

どちらかをタップ

18 | トラブルに対処する

Point
- アプリの終了やiPadの再起動、リセットなどの方法がある
- データや設定を失うリスクの低い方法から試そう

　動作が不安定、動作が極端に遅い、正常に動作しない、フリーズして反応しないなどの状態になってしまったら、トラブルシューティングを試みましょう。データや設定を失うリスクの低い方法から順番に解説します。なお、ここで解説する以外に、アプリやiPadOSを最新バージョンにアップデートすると問題が解決することもあります。

アプリの終了やiPadの再起動をする

1 アプリを終了する

アプリの動作が不安定になったら、Appスイッチャーを表示し、不安定になっているアプリを上へスワイプして終了します。

2 電源を切って起動し直す

iPadの動作が全体に不安定な場合は、いったん電源を切ってから再び起動します。

3 iPadを強制再起動する

フリーズしていて通常の操作で電源を切れない場合は、強制再起動します。ホームボタンのあるiPadでは、トップボタンとホームボタンをAppleロゴが表示されるまで押したままにします。ホームボタンのないiPadでは、音量を上げるボタンを押してすぐに離し、音量を下げるボタンを押してすぐに離し、トップボタンを長く押します。

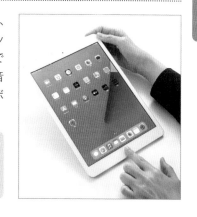

 ここまでの方法はリスクが低い

ここまでの対処方法は、作成途中のデータが失われる恐れはありますが、そのほかのリスクはほとんどありません。

アプリの再インストールやリセットをする

1 アプリを削除して再インストールする

アプリが正常に動作しない場合は、ホーム画面でアイコンが揺れている状態にして[×]をタップし、メッセージが表示されたら[削除]をタップしてアプリを削除します。その後、[App Store]からインストールし直します。アプリのデータや設定が失われる恐れがあるので、可能であれば事前にバックアップやデータのコピーを作成したり、設定をメモしたりしましょう。

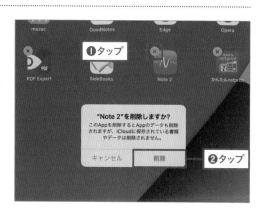

2 リセットを始める

[設定]を開き、[一般]→[リセット]をタップします。

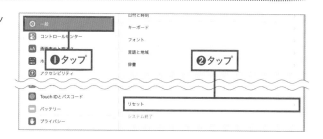

47

3 リセットする項目をタップする

例えば文字を入力する際の変換がおかしいなら[キーボードの変換学習をリセット]をタップします。この後、パスコードを求められたら入力します。

4 リセットする

初期状態に戻るというメッセージが表示されます。[リセット]をタップします。

5 リセットできる項目

[すべての設定をリセット]では設定がリセットされますがデータは失われません。[すべてのコンテンツと設定を消去]では購入直後とほぼ同じ状態に戻ります。
[ネットワーク設定をリセット]はネットワークのトラブルが解決する場合がありますが、Wi-Fiの設定などをやり直す必要があります。
[位置情報とプライバシーとリセット]では位置情報とプライバシーの設定が初期状態に戻り、位置情報やプライバシーが必要なアプリを起動すると許可を求めるダイアログが開きます。

Chapter2

入力をマスター

iPadを仕事で使うと、文字を入力することが多くなるでしょう。iPadの画面に表示されるキーボードを使いやすくする、音声入力をする、外付けのキーボードを接続するなど、使いやすい方法を見つけてください。この章では[メモ]アプリの画面で解説しますが、文字入力に関する操作はほかのアプリでも共通です。マウスやトラックパッドについてもこの章で紹介します。

01 カーソルの移動や 選択の操作を知る

Point
- ●カーソルの移動や範囲選択は頻繁に使う操作
- ●画面上のキーボードをトラックパッドのように使う方法がある

　テキストの入力や編集をするために目的の位置にカーソルを移動したり、カット・コピー・ペーストやドラッグ&ドロップなどのためにテキストの範囲を選択したりする必要があります。使いやすい操作を習得しましょう。

■ 範囲選択の基本操作を知る

カーソルのある位置でタップしてメニューを表示し、[選択]をタップします。

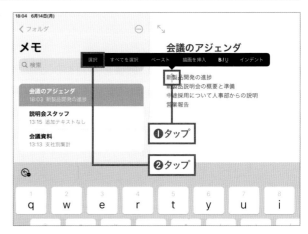

ピンのアイコンを左右にドラッグして範囲を選択します。

HINT　トリプルタップで段落を選択

1本の指先でトリプルタップ（3回続けて素早くタップ）すると、その段落を選択できます。なお英語などでは1本の指先でダブルタップすると単語を選択できますが、日本語は単語の間にスペースがないのでダブルタップで正確に単語が選択されるわけではありません。

■ カーソルを移動する操作を知る

テキスト上で長く押したまま指先を動かすとカーソルを移動できますが、もうひとつ、別の操作を紹介します。キーボード上で2本の指先を動かすと、カーソルを移動できます。自分の指でテキストが隠れないので移動しやすく便利です。

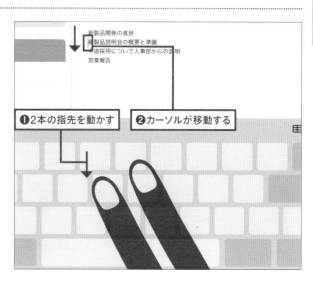

❶2本の指先を動かす

❷カーソルが移動する

HINT 1本の指先で
同様に操作する

スペースバーを1本の指先で長く押し、キーボードがグレーになってから指先を動かしてカーソルを移動することもできます。

■ 2本の指先で範囲を選択する

選択したい範囲の先頭か末尾にカーソルを置きます。キーボード上に2本の指先を置き、少し待っているとピンが表示されるので、そのまま指先を動かします。これで範囲を選択できます。

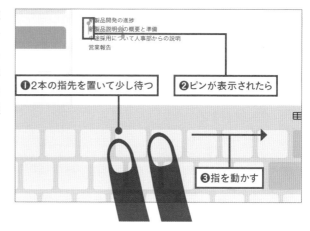

❶2本の指先を置いて少し待つ

❷ピンが表示されたら

❸指を動かす

TIPS 誤変換で確定した
文字を再変換する

誤変換のまま確定してしまったら、その語を選択します。すると選択した部分に対する変換候補が表示され、タップして選択できます。

❶選択

❷候補が表示される

| 京都 | 今日と | 橋と | 鏡と | キョウト | 教と | 鏡筒 | 杏と |

02 カット・コピー・ペーストをする

Point
- ●範囲選択をするとメニューが表示されるのでカットまたはコピー
- ●カーソルを置いてメニューからペースト

テキストの範囲を選択してからカットまたはコピーし、別の位置にペーストします。

1 範囲を選択してカットまたはコピーする

カットまたはコピーしたい範囲
を選択します。メニューが表
示されたら[カット]または[コ
ピー]をタップします。

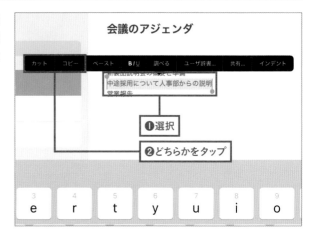

2 ペーストする

貼り付けたい位置にカーソル
を置き、タップしてメニューの
[ペースト]をタップします。

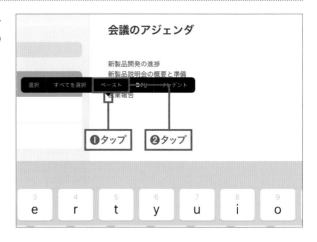

03 ドラッグ&ドロップで 移動やコピーをする

Point
- ●ドラッグ&ドロップで文字列を移動できる
- ●異なる書類の間でドラッグするとコピーになる

　同一書類内で文字列をドラッグ&ドロップすると移動します。別の書類間ではコピーになります。

■ ドラッグして移動する

移動したい範囲を選択します。長く押し、浮き上がったような状態になったらドラッグして移動します。

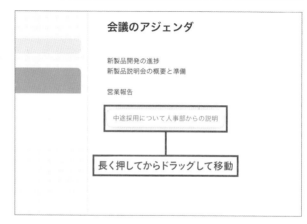

■ 別の書類にコピーする

Slide OverまたはSplit Viewで2つの書類を表示し、一方からもう一方へドラッグすると、コピーされます。

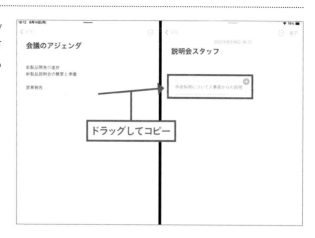

04 ジェスチャで素早く操作する

Point
- ●3本の指先でカット・コピー・ペースト
- ●3本の指先で左右にスワイプして取り消しとやり直し

前述したメニューやドラッグ＆ドロップ操作以外に、画面上で指先を動かすジェスチャ操作でもカット・コピー・ペーストができます。操作の取り消しとやり直しができるジェスチャもあります。

■ 範囲を選択してジェスチャでコピーする

コピーしたい範囲を選択します。3本の指先を画面に当て、つまむように指先の間隔を縮めます。上部に[コピー]と表示され、コピーされたことがわかります。

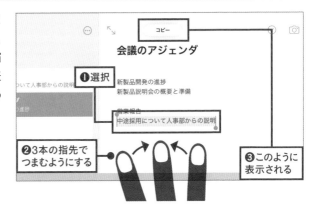

■ ジェスチャでカットする

範囲を選択し、3本の指先で2回素早くつまむようにすると、コピーではなくカットになります。

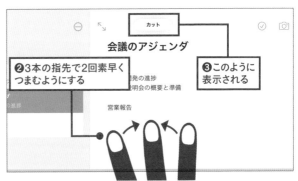

■ ジェスチャでペーストする

貼り付けたい位置にカーソル
を置きます。3本の指先を画
面に当て、押し広げるように
指先の間隔を広げます。ペー
ストされて、上部に[ペースト]
と表示されます。

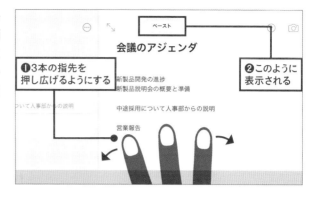

■ ジェスチャで取り消す

3本の指先で左へスワイプす
ると、直前の操作が取り消さ
れます。

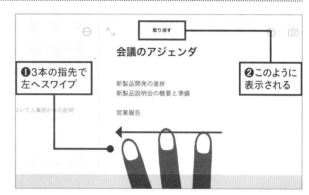

■ ジェスチャでやり直す

取り消した後で、3本の指先
で右へスワイプすると、取り
消した操作をやり直すことが
できます。

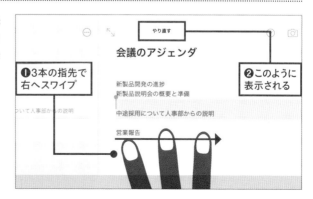

05 キーボードの位置を変える

Point
- 画面上のキーボードを分割したり移動したりできる
- スマートフォンと同様のキーボードで日本語をフリック入力できる

初期設定では画面下部に固定されているキーボードの位置を変えて、好みに応じて入力しやすくしましょう。フローティングキーボードにすると、スマートフォンに似た操作で日本語を入力できます。

分割キーボードを使う

1 分割キーボードにする

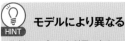を長く押し、そのまま指を滑らせて[分割]を選択します。

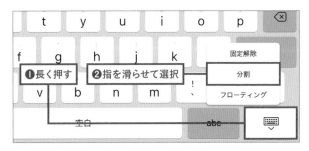

> 💡 **HINT**
> **モデルにより異なる**
> 分割キーボードを利用できるモデルと利用できないモデルがあります。

2 分割キーボードになった

キーボードが分割されました。両手でiPadを持って入力するのに便利です。下図は日本語ローマ字キーボードですが、英語キーボードも同様です。右下のキーを下へドラッグすると、通常のキーボードに戻ります。

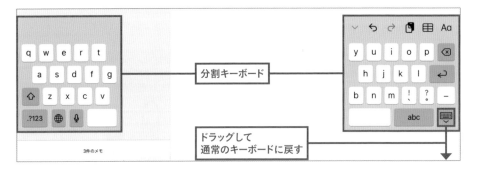

分割キーボード

ドラッグして
通常のキーボードに戻す

かな入力の設定をする

1 キーボードの設定をする

スマートフォンのように日本語を入力するには、かな入力を使う設定にする必要があります。[設定]を開き、[一般]→[キーボード]→[キーボード]をタップします。[新しいキーボードを追加]をタップします。

2 かな入力を追加する

[日本語]をタップします。次の画面で[かな入力]をタップし、[完了]をタップします。

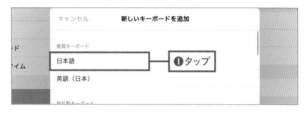

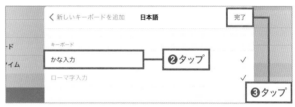

3 かな入力を選択する

分割キーボードで ⌘ を長く押し、指を滑らせるかタップして[日本語かな]を選択します。

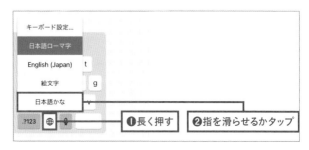

4 分割キーボードでかな入力をする

スマートフォンのフリック入力と同様に、例えば[あ]から上下左右に指を滑らせて、あ行の文字を入力できます。左側に変換候補が表示されるので、タップして選択します。

フローティングキーボードを使う

1 フローティングキーボードにする

右下の ▭ から[フローティング]を選択すると、このようなキーボードになります。下部をドラッグして好きな位置へ移動できます。画面の下部、左右の中央へドラッグすると、通常のキーボードに戻ります。

2 フローティングキーボードでかな入力をする

フローティングキーボードで[日本語かな]を選択すると、スマートフォンと同様のキーボードになります。フリックして文字を入力し、上部で変換候補をタップして選択します。

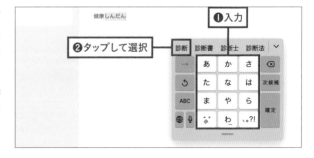

06 日付、時刻、住所を
素早く入力する

Point
●3桁または4桁の数字を入力して日付や時刻に変換する
●郵便番号から住所を入力する

時刻や日付は英語入力モードに切り替えて半角数字を入力して……などと、意外に手間がかかります。日本語入力のモードのままで入力できることを知っておくと便利です。郵便番号から住所を入力することもできます。

■ 日付や時刻を入力する

日本語入力のモードで3桁または4桁の数字を入力します。変換候補の中からさまざまな書式の日付や時刻を選択できます。

■ 郵便番号から住所を入力する

日本語入力のモードで郵便番号の7桁の数字を入力すると、住所に変換できます。

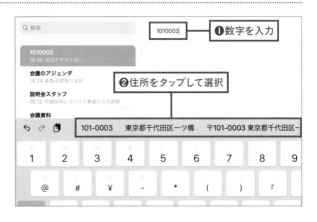

Chapter2 入力をマスター

話し言葉で入力する

話し言葉で文字を入力できます。声を出しても差し支えない場所であれば、キーボードよりも速く入力できるかもしれません。

1 音声入力を開始する

キーボードにある 🎤 をタップします。

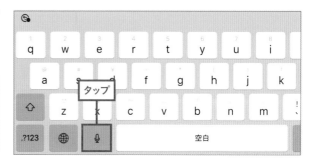

> **HINT あらかじめ言語を選択しておく**
> キーボードの 🌐 から日本語や英語など入力する言語を選択し、それから音声入力を始めます。

2 音声入力を有効にする

音声入力をするときに音声や位置情報などがAppleに送信されるため、初めてオンにするときに確認のメッセージが表示されます。[音声入力を有効にする]をタップします。

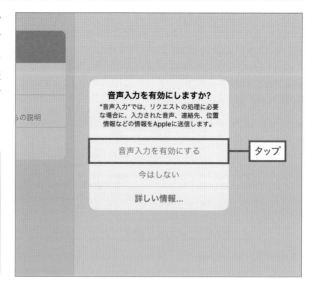

> **HINT 個人とは関連づけられない**
> Appleに送信される情報はApple IDではなくランダムな識別子と関連づけられるため、個人が特定される恐れはありません。しかし仕事に関する情報を他社に送信することが厳密に禁じられている場合などは、利用を控えた方が無難です。

3 話しかけて入力する

iPadに向かって話すと、次々
に文字が入力されていきま
す。話し終わったら▥▥ を
タップして音声入力を終了し
ます。

❶話す

❷話し終わったらタップ

HINT 誤って認識された箇所を変更する

誤って認識された可能性がある
箇所には点線の下線が付きます。
タップすると候補が表示され、
タップして変更できます。

TIPS 記号なども入力できる

「こんにちは まる 改行 ご連絡をいただき てん ありがとうございました まる」のように話して、句読点や改
行を入れながら入力できます。ほかにも「かぎかっこ」「かぎかっこ閉じ」「びっくりマーク」「クエスチョンマーク」など、
さまざまな記号を入力できます。

4 音声入力をオフにする

音声入力を今後使用しない場合は、[設定]を開き、[一般]→[キーボード]をタップします。[音
声入力]のスイッチをタップします。確認のメッセージが表示されたら[音声入力をオフにす
る]をタップします。

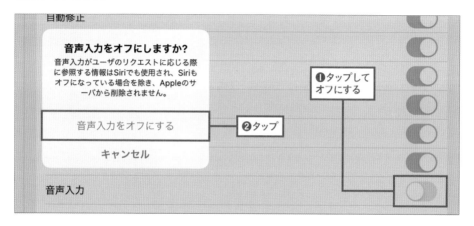

自動修正

音声入力をオフにしますか?

音声入力がユーザのリクエストに応じる際
に参照する情報はSiriでも使用され、Siriも
オフになっている場合を除き、Appleのサ
ーバから削除されません。

音声入力をオフにする ── ❷タップ

キャンセル

❶タップして
オフにする

音声入力

08 単語や短文を辞書登録する

Point
- ●固有名詞や短文を登録すると入力効率がアップし、ミスも防げる
- ●受信したメールなどからも登録できる

　変換されない固有名詞やよく使う短文などを辞書登録すると、入力効率が上がり、入力ミスを防ぐこともできます。

1 [設定]を開く

[設定]を開き、[一般]→[キーボード]→[ユーザ辞書]をタップします。田をタップします。

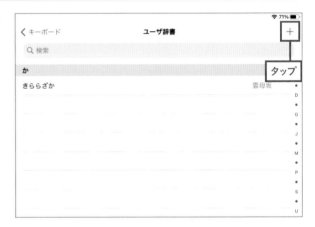

2 単語と読みを入力して保存する

[単語]に変換後の結果を、[よみ]に入力時に使用する読みを入力して、[保存]をタップします。

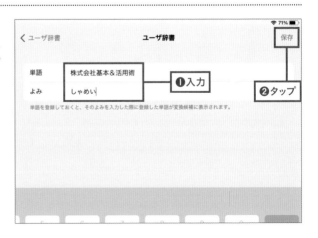

3 登録したい範囲を選択する

すでに入力されたテキストや
受信したメールなどから登録
することもできます。登録した
い範囲を選択し、メニューの
[ユーザ辞書]をタップします。

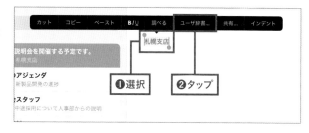

4 読みを入力して保存する

[単語]が正しく入力されてい
ることを確認します。[よみ]
を入力し、[保存]をタップし
ます。

HINT 登録すると便利な語句や短文

「けいたい」の読みで自分の携帯番号、「めーる」で自分のメールアドレス、「じゅうしょ」で自社の住所、「へいそ」で「平素より格別のご高配を賜り、厚く御礼申し上げます。」など、仕事によく使う語句や短文を登録すると効率が上がります。人名や自社製品などの固有名詞も登録すると、便利で誤字も防げます。

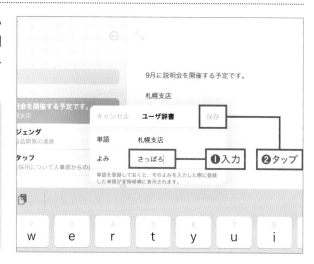

5 登録した語句を削除する

誤って登録した語句や使わな
くなった語句は削除できます。
1の画面で削除したい項目を
左へスワイプし、右端に[削除]
と表示されたらタップします。

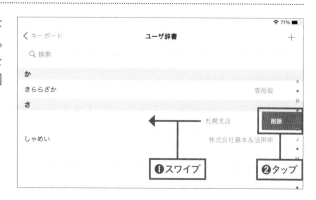

09 便利な入力方法を知る

Point
- ●記号や大文字などを素早く入力する操作がある
- ●アクセント付きのアルファベットなども入力できる

　キーボードのキーを長く押すなど、パソコンとは異なる指先の操作で記号や大文字を素早く入力できます。仕事の効率アップに役立てましょう。

■ キーを下へフリックする

英語キーボードや日本語ローマ字キーボードでは、例えば[a]キーの上側にグレーで[@]が書かれています。[a]キーを下へフリックすると[@]を入力できます。

下へフリックすると[@]を入力できる

■ 長く押してアクセント付き文字などを入力する

英語キーボードで、例えば[e]キーを押したままにするとアクセント記号などの付いた文字の候補が表示されます。このまま指を滑らせてアクセント記号付きの文字を入力できます。いくつかのキーがこの入力方法に対応しています。

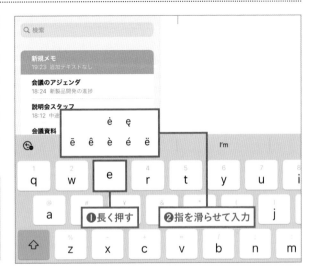

❶長く押す　❷指を滑らせて入力

HINT
日本語キーボードでキーを長く押す

日本語ローマ字キーボードでアルファベットのキーを長く押すと、全角アルファベットを入力できます。

■ 大文字を続けて入力する

英語キーボードで ⇧ をタップ
し、離してから文字のキーを
押すと大文字を入力できます
が、⇧ をダブルタップすると
パソコンでいうCaps Lockが
かかった状態になり、大文字
を続けて入力できます。⬆ を
タップをすると解除されます。

■ 英語の大文字を入力する

英語キーボードで ⇧ をタップ
してから文字のキーをタップ
する代わりに、⇧ を押し、そ
のまま指を離さずに文字の
キーへ滑らせて大文字を入力
することもできます。

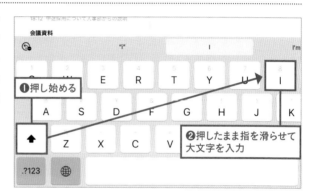

■ 記号や数字を素早く入力する

[123]キーを押し、そのまま指
を離さずに滑らせて記号など
を入力することもできます。
[123]キーをタップしてキー
ボードを切り替えると、その後
で[ABC]キーをタップして戻
す必要がありますが、この方
法では戻す操作が必要ありま
せん。

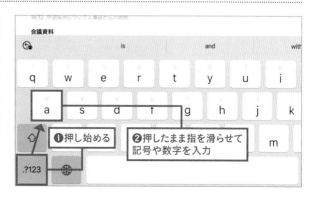

10 外付けキーボードを接続する

　Apple製のキーボードのほか、他社製のキーボードもたくさん販売されています。パソコンのキーボードに慣れていれば速く入力できることに加え、画面の下半分にキーボードが表示されなくなって画面全体で書類を表示できる利点もあります。iPadを仕事で使うなら外付けキーボードを用意するとよいでしょう。

Apple製のiPad用キーボードを使う

　Smart Keyboard、Smart Keyboard Folio、Magic Keyboardの3種類があり、iPadのモデルによって使えるものが異なります。いずれも、iPad本体に合うようにセットすると、iPadの背面または側面にあるSmart Connector（金属の小さな丸が3つ並んだ部分）で接続され、これだけで使える状態になります。キーボードの動作に必要な電源もiPad本体から供給されるため、電池を入れたり充電したりする必要はありません。

Magic Keyboard（写真は11インチ用、執筆時点で34,980円）

Bluetooth接続のキーボードを使う

1 キーボードをペアリングモードにする

Apple製や他社製で、Bluetoothでワイヤレス接続するキーボードが多数あります。キーボードの取扱説明書を参照して電池を入れるか充電し、電源をオンにしてペアリングモードにします。

電源をオンにしてペアリングモードにする

左：エレコム TK-FBP100WH（メーカー標準価格：9,174円）
右：同TK-CAP02BK（メーカー標準価格：15,631円）

2 検出されたキーボードを接続する

iPadの[設定]を開き、[Bluetooth]をタップします。ペアリングモードにしたキーボードが表示されたらタップします。

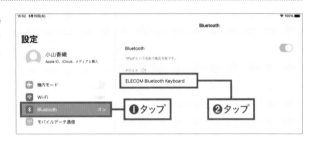

3 接続された

キーボード名の右端に[接続済み]と表示されたら使える状態になっています。ペアリングをするのは最初の1回だけで、次からはキーボードの電源を入れれば使えます。このキーボードを今後使わない場合は、⊙をタップし、次の画面で[このデバイスの登録を解除]をタップします。

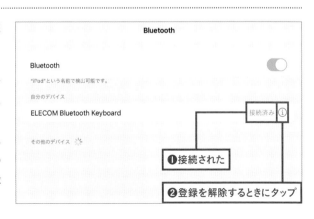

11 外付けキーボードから
文字を入力する

> Point
> ●日本語と英語の切り替えには複数の操作方法がある
> ●初期設定ではライブ変換が有効になっている

　外付けキーボードからの入力方法はパソコンで使う場合とほぼ同様ですが、日本語と英語の入力モードの切り替えなどはパソコンで慣れている方法と違うかもしれません。iPadに特徴的なキーボード操作を紹介します。

■ 文字を入力する

接続したキーボードから文字を入力できます。画面上にはキーボードが表示されないので、広く見渡しながら書類を作成できます。

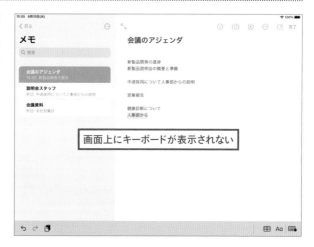

画面上にキーボードが表示されない

■ 日本語と英語の入力モードを切り替える

日本語と英語の入力モードの切り替えには、いくつかの操作方法があります。キーボードに[英数]キーと[かな]キーがあれば、押して入力モードを選択できます。

押して入力モードを選択する

■ 地球儀キーを使う

キーボードに 🌐(前ページ写真の右下)があれば、このキーを押して入力モードを切り替えることもできます。ただし設定によってこのキーの動作は異なりますので、後述の「外付けキーボードの設定をする」を参照してください。

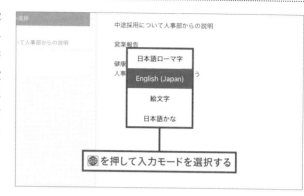

🌐を押して入力モードを選択する

■ [Caps Lock]キーを使う

[Caps Lock]キーを押して切り替える方法もあります。これも設定によって動作が異なりますので、後述の「外付けキーボードの設定をする」を参照してください。

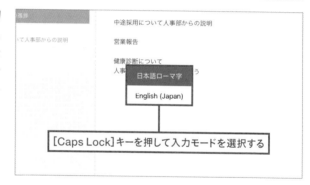

[Caps Lock]キーを押して入力モードを選択する

■ 日本語を入力して変換する

初期設定では、日本語をひらがなで入力するにつれて自動で次々に変換されていきます。この動作をライブ変換といいます。ライブ変換をオフにすると、スペースバーを押したときに変換されます。後述の「外付けキーボードの設定をする」を参照してください。

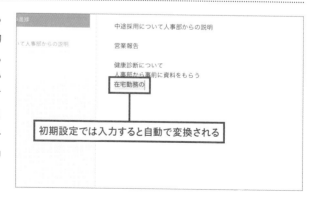

初期設定では入力すると自動で変換される

12 外付けキーボードの設定をする

Point
- ●外付けキーボードが接続されているときのみ設定できる
- ●修飾キーの割り当てを変えられる

　外付けキーボードは製品によってキーの有無や配置が異なり、慣れている操作も人それぞれです。入力モードの切り替えや修飾キーの割り当てなどを自分の使いやすいように設定しましょう。

1 設定を開く

[設定]を開き、[一般]→[キーボード]をタップします。外付けキーボードが接続されているときのみ[ハードウェアキーボード]の項目があります。これをタップします。

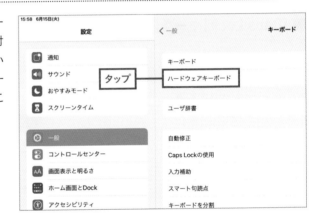

2 ライブ変換のオン/オフを設定する

スペースキーを押さなくても入力するにつれて自動で変換されるライブ変換は、スイッチをタップしてオン/オフを設定できます。

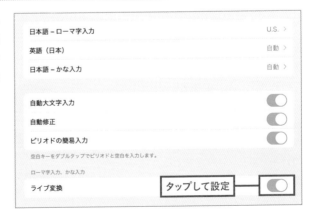

3 地球儀キーを設定する

初期設定では 🌐 を押すと入力する言語を切り替えられますが、このスイッチをタップしてオンにすると 🌐 を押して絵文字のパレットを表示できます。

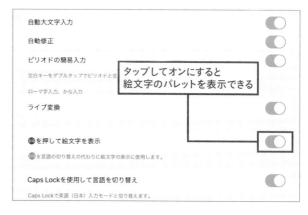

4 [Caps Lock]キーで入力モードを切り替えられるようにする

[Caps Lockを使用して言語を切り替え]をオンにすると、入力中に[Caps Lock]キーを押して言語を交互に切り替えられます。

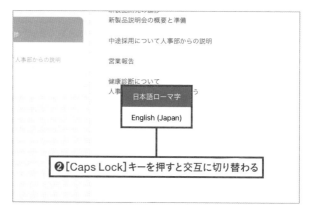

5 修飾キーの割り当てを変える

製品によって修飾キーの有無や配置が異なるため、使いやすいように割り当てを変えられます。例えばApple製品では、コピーなら[Command]キーを押しながら[C]キーというように、キーボードショートカットに[Command]キーを主に使います。しかし他社製のキーボードでは[Command]キーがない製品もあり、この場合は[Alt]キーや[Windows]キーなどを押すと[Command]キーとして動作するように、割り当てを変更します。
[設定]の[一般]→[キーボード]→[ハードウェアキーボード]で[修飾キー]をタップします。

6 設定するキーを選択する

割り当てを変えたいキーをタップします。

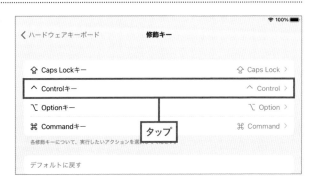

7 このキーの機能を選択する

このキーを何の機能にしたいかをタップして選択します。

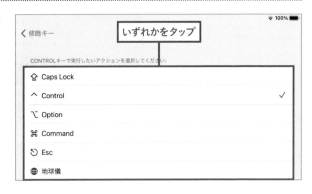

8 かな入力ができるようにする

外付けキーボードで、ローマ字入力ではなく、かな入力ができるようにする設定です。[設定]の[一般]→[キーボード]→[ハードウェアキーボード]で[日本語 - ローマ字入力]または[日本語 - かな入力]のどちらかをタップします。

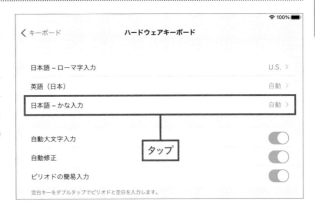

9 かな入力を選択する

[かな入力]をタップして選択します。これで、8 で選択したモードを選択したときに、かな入力をする設定になります。

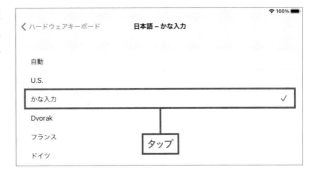

 かな入力なのに 8 で[日本語 - ローマ字入力]を選択?

どのモードを選択したときにどの入力方式になるかを割り当てる設定なので、画面に表示されるモードとしては[日本語 - ローマ字入力]でも差し支えありません。紛らわしいと感じる場合は、あらかじめ[設定]の[一般]→[キーボード]→[キーボード]で[日本語 - かな入力]を追加し、こちらにかな入力を割り当てるとよいでしょう。ローマ字入力を使わないのであれば、[一般]→[キーボード]→[キーボード]で[日本語 - ローマ字入力]を削除してもかまいません。

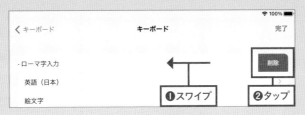

13 外付けキーボードの便利な機能

Point
- ●キーボードからアプリを切り替える
- ●アプリで使えるキーボードショートカットを調べる

　外付けキーボードからアプリを切り替えられます。また、利用できるキーボードショートカットの一覧を見ることもできます。

■ キーボードからアプリを切り替える

[Command] キーを押しながら [Tab] キーを押すと、最近使ったアプリのアイコンが表示されます。[Command] キーを離さずに [Tab] キーをぽんぽんと押して使いたいアプリのアイコンを選択してから [Command] キーを離すと、そのアプリに切り替わります。

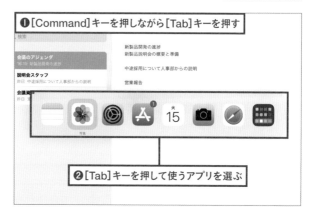

❶[Command]キーを押しながら[Tab]キーを押す

❷[Tab]キーを押して使うアプリを選ぶ

■ 利用できるキーボードショートカットを知る

[Command] キーを長く押すと、そのアプリで利用できる代表的なキーボードショートカットが表示されます。ただし表示されないアプリもあります。

❶[Command]キーを長く押す

❷キーボードショートカットが表示される

14 トラックパッドを使う

　AppleのMagic Trackpadや他社製のトラックパッド付きキーボードをBluetoothで接続して、iPadで使うことができます。パソコンのような使い勝手にして仕事の効率を上げるには、トラックパッドか、後述するマウスの使用を検討するとよいかもしれません。

■ トラックパッドをペアリングする

Magic Trackpadの電源を入れます。または他社製のトラックパッド付きキーボードの電源を入れ、製品のマニュアルなどを参照してペアリングモードにします。[設定]を開き、[Bluetooth]をタップします。トラックパッドの名前が表示されたらタップしてペアリングします。

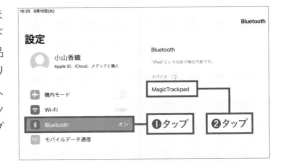

■ トラックパッドで操作する

トラックパッドを接続すると画面に小さな丸が表示されます。これがポインタです。トラックパッドの表面で指を動かしてポインタを移動し、ボタンを押してクリックするなど、パソコンのトラックパッドと同様に操作できます。

❶これがポインタ

❷例えばアプリのアイコンにポインタを合わせてクリックすると起動する

HINT アプリの画面からホーム画面に戻る

アプリの画面からホーム画面に戻るには、ポインタを画面のいちばん下へ移動し、Dockが表示されたらもう一度下へスワイプします。これ以外に利用できるジェスチャは、トラックパッドのマニュアルなどを参照してください。

15 マウスを使う

Point
- Appleや他社製のBluetoothマウスを接続して使える
- ホーム画面に戻る操作を覚えておくと便利

Appleや他社製のBluetoothマウスを接続して使うこともできます。

■ マウスをペアリングする

マウスの電源を入れて必要に応じてペアリングモードにします。[設定]を開き、[Bluetooth]をタップします。マウスの名前が表示されたらタップしてペアリングします。

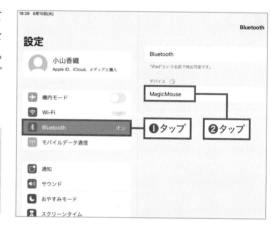

HINT 画面に触れる操作もできる

トラックパッドやマウスを接続しても、画面に触れる機能は無効になりません。画面に触れる操作とトラックパッドやマウスを組み合わせて使うと効率的です。

■ マウスで操作する

マウスを接続すると画面に小さな丸が表示されます。これがポインタです。マウスでポインタを動かし、クリックして使います。アプリの画面からホーム画面に戻るには、ポインタを画面のいちばん下へ移動し、Dockが表示されたらもう一度下へスワイプします。

❶これがポインタ

❷例えばアプリのアイコンにポインタを合わせてクリックすると起動する

HINT ジェスチャ操作

AppleのMagic Mouse 2ではさまざまなジェスチャ操作ができます。

16 トラックパッドやマウスの設定をする

Point
- ●トラックパッドやマウスの動作を使いやすいように設定しよう
- ●ポインタを見やすくすることもできる

　トラックパッドやマウスを接続したら、使いやすいように設定を調整しましょう。ポインタの動く速さやスクロールの方向のほか、ポインタをくっきりと表示したり大きくしたりする設定もあります。

1 [設定]を開く

[設定]を開き、[一般]をタップまたはクリックします。トラックパッドやマウスが接続されているときのみ[トラックパッド]または[トラックパッドとマウス]の項目があります。これをタップまたはクリックします。

2 ポインタの速さや動作を設定する

ポインタの動く速さをドラッグして調整します。[ナチュラルなスクロール]は指を上に動かしたときに画面が上下どちらに動くかの設定です。[タップでクリック]と[2本指で副ボタンのクリック]はそれぞれの機能を使うかどうかをスイッチで設定します。副ボタンとは、Windowsパソコンでいう右クリックのことです。

HINT
製品によって異なる

ここに表示される項目は接続されている製品によって異なります。この図はMagic Trackpad 2が接続されている状態です。

3 ポインタの設定を開く

[設定]の[アクセシビリティ]
→[ポインタコントロール]を
タップまたはクリックします。

4 ポインタを見やすく表示する

ここに表示される項目も、接
続されている製品によって異
なります。この図は一般的な
他社製マウスが接続されてい
る状態です。[コントラストを
上げる]のスイッチをオンにす
ると、ポインタがくっきりと表
示されます。[カラー]をタッ
プまたはクリックし、次の画面
で色を選択すると、ポインタ
の色を変えられます。

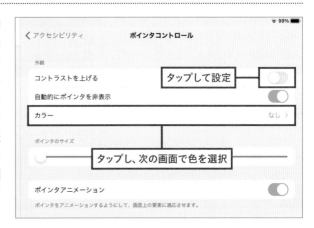

5 ポインタのサイズを変える

[ポインタのサイズ]のスライ
ダをドラッグすると、ポインタ
のサイズが変わります。

 ポインタアニメーション

ポインタアニメーションは、アプリ
や状況に応じてポインタの表示が
変わる機能です。操作がわかりや
すくなりますが、不要ならオフにし
てかまいません。

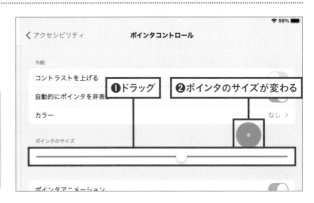

Chapter3

手書きをフル活用

タブレットの大きなメリットのひとつは手書きの操作がしやすいことです。特にiPadとApple Pencilの組み合わせなら快適で精密に、思い通りに書けます。図を描いてアイデア出しをしたり、手書きで素早くメモをとったりと、仕事のさまざまな場面で役に立ちます。

Apple Pencilを使う準備をする

Point
- 初めて充電するときにiPadとペアリングする
- 「今日の表示」でApple Pencilのバッテリー残量を確認できる

iPadを使うならApple Pencilもそろえるのがおすすめです。Apple PencilがあるとiPadの用途が広がり、仕事の効率アップにもつながるでしょう。ペンがなくても指先で操作できますし他社製のタッチペンも使えますが、Apple Pencilは書き心地が良く機能も豊富です。

Apple Pencilには第1世代と第2世代があり、iPadのモデルによってどちらが使えるかが決まっています。異なる組み合わせでは使えませんので、購入の際に注意してください。

1 充電とペアリングをする

第1世代はペン先の反対側のキャップをはずし、iPadのLightningコネクタに差し込みます（右の写真）。第2世代はiPadの側面にくっつけます。これで充電されます。初めて充電するときにiPadとペアリングします。第1世代ではダイアログが開くので[ペアリング]をタップします。第2世代は側面にくっつけるとペアリングされ、画面に通知が表示されます。

HINT **スクリブルはスキップしてもかまわない**

ペアリングしたときにスクリブル（手書き文字入力機能）を試す画面が表示されることがあります。この場で試しても、スキップしてもかまいません。スクリブルについては後述します。

2 Apple Pencilのバッテリー残量をすぐに確認できるようにする

ホーム画面の1ページ目で右へスワイプして「今日の表示」を表示します。バッテリーのウィジェット（項目）がなければ追加します。ウィジェットがない所を長く押すと、ウィジェットが小刻みに揺れます。+ をタップします。

3 [バッテリー]をタップする

[バッテリー]をタップします。

タップ

4 好みのウィジェットを追加する

左右にスワイプして好みのウィジェットを選択し、[ウィジェットを追加]をタップします。

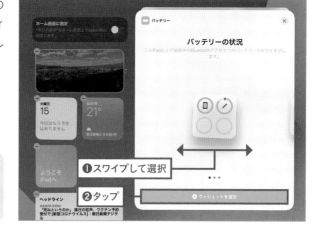

❶スワイプして選択
❷タップ

MetaMoJi
Su-Pen P201S-T9C
執筆時点で3,960円

Point
- ●[メモ]アプリはApple Pencilの筆圧や傾きに対応している
- ●きちんとした図形にする機能もある

対応しているアプリであれば、Apple Pencilの力の入れ具合や傾きによって描いた結果が変わります。iPadの標準アプリでは[メモ]が対応しているので、すぐに試すことができます。きちんとした図形を描くなど、ビジネスに役立つ[メモ]アプリの機能も紹介します。

1 描き始める

メモのページを開きます。
をタップします。

タップ

💡 HINT
描き終わったら
🅐 をタップ
描き終わったら再び🅐をタップすると、文字を入力できる状態に戻ります。

2 力の入れ具合を変えて描く

例としてマーカーをタップして選択します。好みの色をタップして選択します。Apple Pencilで力の入れ具合を変えて描いてみましょう。色の濃さが変わります。

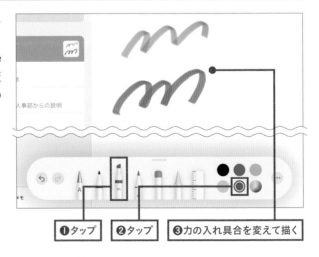

❶タップ　❷タップ　❸力の入れ具合を変えて描く

3 傾きを変えて描く

今度はApple Pencilの傾き
を変えて描いてみましょう。
太さが変わります。

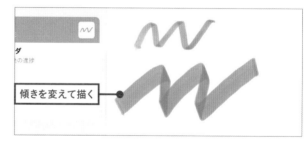

傾きを変えて描く

4 ペンなどの設定を変える

ここから後の操作はApple
Pencilを持っていなくても利用
できます。ペンやマーカーを2
回タップすると、太さや不透
明度を変えることができます。

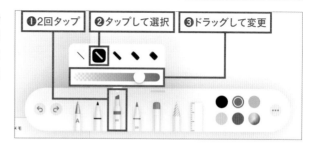

❶2回タップ　❷タップして選択　❸ドラッグして変更

5 色を変える

使いたい色をタップして選択
します。ここにない色にしたい
ときは🔵をタップし、色と不
透明度を選択します。

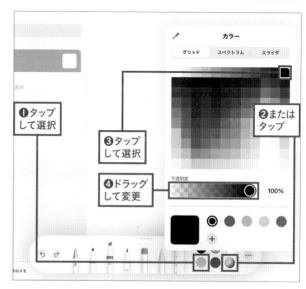

❶タップ
して選択

❷または
タップ

❸タップ
して選択

❹ドラッグ
して変更

100%

HINT　指先で描けない ときは?

指先で描けないときはツールの右
端にある⋯をタップし、[指で描
画]のスイッチをタップしてオンに
します。

6 描いたものを少しずつ消す

消しゴムツールを2回タップ
し、[ピクセル消しゴム]をタッ
プして選択します。描いたも
のをこするようにドラッグする
と、その部分が消えます。

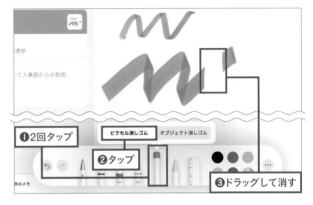

7 オブジェクト単位で消す

消しゴムツールを2回タップ
し、[オブジェクト消しゴム]を
タップして選択します。描い
たものをタップすると、そのオ
ブジェクトが消えます。

HINT ペン軸をダブルタップ

[メモ]アプリでApple Pencil（第2
世代）を使う場合、ペン軸をダブ
ルタップすると、描いているペンと
消しゴムのツールが交互に切り替
わります。ペン軸をダブルタップし
たときの動作はアプリにより異なり
ます。

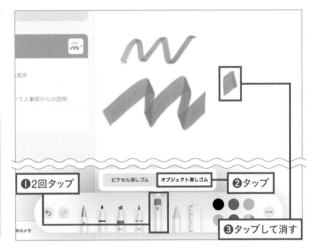

8 きちんとした図形を描く

丸や四角などの図形を描き、
描き終わりの位置でペンや指
の先を離さずに少し待ちま
す。するときちんとした図形に
なります。右のような形を描
くと矢印になります。

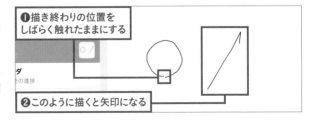

84

9 描いたものを操作する

投げ縄ツールをタップして選択し、描いたものを囲むようにドラッグして選択します。選択した部分をドラッグして移動したり、色をタップして変えたりすることができます。選択した部分をタップするとメニューが表示され、カットやコピーなどができます。

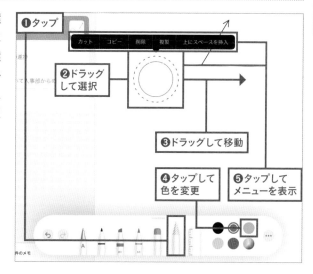

10 描いた図を[写真]アプリに保存する

⌣をタップし、[コピーを送信]をタップします。次の画面で[画像を保存]をタップするとこの図が[写真]アプリに保存され、ほかのアプリの書類に挿入するときなどに便利です。

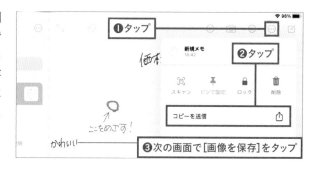

ロック画面からすぐにメモをとる

Apple Pencilを使っている場合、[設定]の[メモ]→[ロック画面からメモにアクセス]をタップし、[常に新規メモを作成]または[最後のメモを再開]のどちらかをタップして選択します。すると、ロック画面をApple Pencilでタップしてすぐにメモをとることができます。

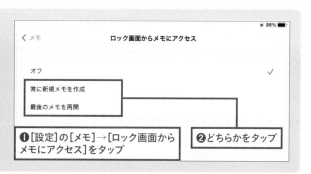

03 iPadOSの機能で文字を手書き入力する

- 英語などを手書き入力できる
- Apple Pencilが必要

　本書制作時点では英語、中国語、フランス語、ドイツ語、イタリア語、ポルトガル語、スペイン語に限られますが、iPadOS標準の機能でApple Pencilを使って文字を手書き入力できます。この機能を「スクリブル」といいます。2021年秋には日本語にも対応する予定です。

1 設定を確認する

[設定] の [Apple Pencil] を
タップし、[スクリブル] のス
イッチをタップしてオンにし
ます。

 スクリブルを試す

HINT

ここで[スクリブルを試す]をタップ
すると、書き方の練習をすることが
できます。

2 入力する言語のキーボードを追加する

[設定] で [一般]→[キーボー
ド]→[キーボード]をタップし、
[新しいキーボードを追加]を
タップして、手書き入力した
い言語のキーボードを追加し
ます。

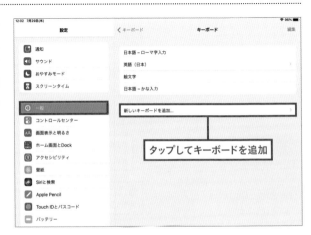

3 手書きで入力する

本書では例として[メモ]アプリを使いますが、文字を入力できるアプリなら操作は同様です。▦ をタップして言語を選択します。スクリブルのペンをタップして選択してから文字を手書きします。カーソルのある位置に書く必要はなく、好きな場所に書いてかまいません。書いていくと自動で認識されます。

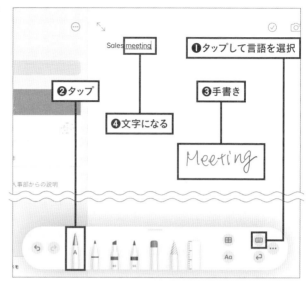

4 入力された文字を編集する

入力された文字を縦方向に数回ドラッグすると削除されます。ぐるっと囲むと選択されます。

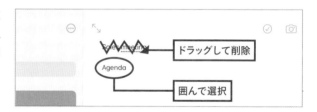

5 [Safari]でURLを手書き入力する

[Safari]のURLの欄にカーソルがある状態で手書き入力をすることもできます。この場合も、URLの欄からはみ出して書いてかまいません。

04 日本語を手書き入力する

Point
- 本書では日本語を手書き入力できる他社製アプリのmazecを紹介
- mazecはApple Pencilがなくても利用できる

前述した通り本書制作時点ではスクリブルは日本語入力に対応していませんが（2021年秋に対応予定）、日本語を手書き入力できる他社製ソフトウェアがあります。本書では[mazec - 手書き日本語入力ソフト]を紹介します。

1 [mazec]を追加する

App Storeから[mazec - 手書き日本語入力ソフト]を購入し（執筆時点で1,100円）、インストールします。[設定]の[一般]→[キーボード]→[キーボード]をタップし、[新しいキーボードを追加]をタップします。次の画面で[mazec]をタップして追加します。

2 [mazec]をタップする

追加された[mazec]をタップします。

3 フルアクセスを許可する

[フルアクセスを許可] のスイッチをタップしてオンにします。セキュリティに関する警告のメッセージが表示されたら[許可]をタップします。

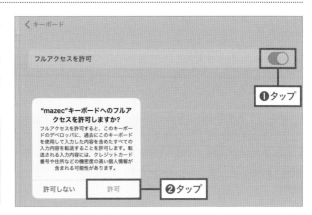

HINT セキュリティの警告

[mazec]を使うにはフルアクセスを許可する必要があります。開発元のMetaMoJiは、入力した内容を収集していないと明言しています。

4 [mazec]を選択する

🌐 を長く押し、指を滑らせるかタップして[mazec]を選択します。このように、キーボードが表示されるアプリならどれでも[mazec]を使って入力できます。

5 手書きで入力する

文字を手書きすると認識されるので、変換候補をタップして入力します。

HINT ほかの日本語手書き入力アプリ

[mazec]と似た入力アプリで[手書きキーボード](執筆時点で490円)があります。またアプリ内に日本語の手書き文字認識機能がある[Nebo](執筆時点で無料)というノートアプリもあります。[mazec]を含め、いずれもApple Pencilがなくても利用できます。

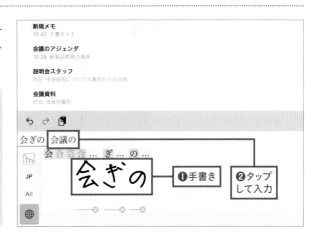

手書きでメモをとったり図を描いたりすることのできるノートアプリはたくさんあります。例として[GoodNotes 5](執筆時点で980円)を紹介します。

1 新規ノートを作成する

App Storeで[GoodNotes 5]を購入してインストールし、開きます。[新規]をタップし、[ノート]をタップします。次の画面で、白紙や方眼紙など好みの用紙をタップして選択し、[作成]をタップします。

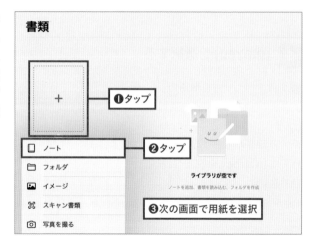

2 ペンを選んで描く

⬜を2回タップすると設定が表示されるので、ペンのスタイルを設定します。ペンのカラーも2回タップして設定します。用紙の上でドラッグして描きます。

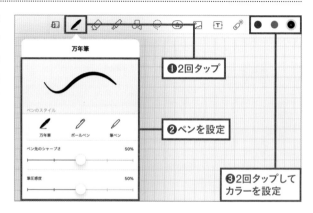

3 図形を描く

をタップして選択します。丸や四
角などを描くと、きちんとした図形に
なります。

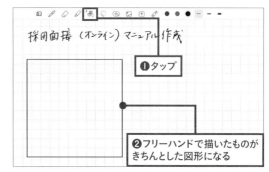

❶タップ

❷フリーハンドで描いたものが
きちんとした図形になる

4 写真を貼り付ける

をタップして選択し、写真を入れ
たい位置でタップします。[写真]アプ
リに保存されている写真が表示され
るので、タップして挿入します。

❶タップ

❷タップ

❸タップ

> 💡 **HINT** 写真へのアクセスを許可する
>
> 初めて写真を貼り付けようとしたときに[写真]
> アプリへのアクセスを求めるメッセージが開き
> ます。[すべての写真へのアクセスを許可]を
> タップします。

5 文字を入力する

をタップして選択し、文字を入れ
たい位置をタップします。キーボード
から文字を入力します。入力し終わっ
たら右下のキーをタップするとキー
ボードが隠れます。

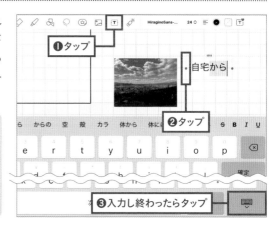

❶タップ

自宅から

❷タップ

❸入力し終わったらタップ

> 💡 **HINT** 複数のデバイスで
> ノートを同期する
>
> [設定] でiCloudに サインインしてiCloud
> Driveをオンにすると、同じApple IDでiCloud
> を利用しているデバイス間で[GoodNotes
> 5]のノートを同期できます。iPad以外に、
> iPhoneとMacでアプリを利用できます。

6 オブジェクトを操作する

◻️をタップして選択し、描いたオブジェクトをドラッグして囲みます。これで選択され、ドラッグして移動できます。選択部分をタップするとメニューが表示され、コピーや削除などができます。

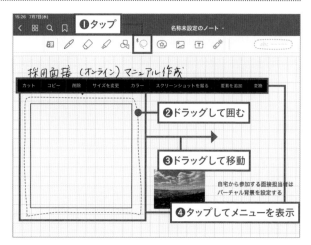

7 手書きの文字をテキストに変換する

ペンツールで手書きした文字を◻️でドラッグして囲んで選択します。タップしてメニューを表示し、[変換]をタップします。

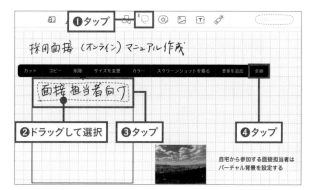

8 変換されたテキストを利用する

手書きの文字が読み取られ、テキストに変換されます。誤って読み取られていたら、タップして修正できます。共有アイコンをタップし、このテキストをコピーしたりほかのアプリに送ったりすることができます。

9 文字を検索する

をタップし、検索する語句を入力します。テキストツールで入力した文字だけでなく、手書きの文字も読み取られて検索されます。

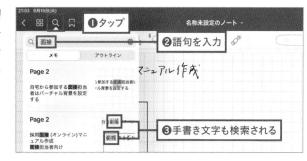

10 ページを追加する

をタップし、追加する場所や用紙などをタップして追加します。

11 このノートを別のアプリで利用する

共有アイコンをタップし、[このページを書き出す]または[すべてを書き出す]をタップします。次の画面で、ノートをPDFや画像として書き出します。このメニューにあるように、プリントもできます。プリントについてはChapter7を参照してください。

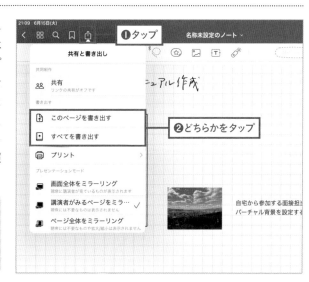

HINT このノートの作成を終了する

左上の をタップすると書類の一覧に戻り、新規ノートの作成などをすることができます。

06 [Notability]を使う

　[Notability]（執筆時点で1,100円）も自由に手書きができ、テキスト入力や写真などの追加もできるアプリです。手書きの文字をテキストに変換する機能もあります。

1 鉛筆やハイライトツールで手書きする

鉛筆ツールやハイライトツールを2回タップし、線の太さや色などを変更してから書きます。手書きの文字を投げ縄ツールで囲むようにドラッグして選択し、選択部分をタップしてメニューを表示したら[変換]をタップしてテキストに変換できます。

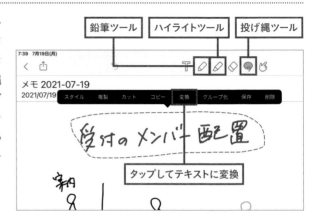

2 写真などを追加する

写真などさまざまなコンテンツを追加できます。テキストツールをタップし、メモのページをタップすると、文字を入力できます。

TIPS 録音する

Chapter10で紹介する[MetaMoJi Note 2]と同様に、録音しながらメモをとり、メモをとったタイミングで頭出し再生できます。上部にあるマイクのアイコンをタップすると録音が始まります。

Chapter4

ファイルを扱う

以前のiPadはアプリごとに書類が管理されていましたが、現在は
[ファイル]アプリがあり、パソコンと同じような感覚でファイルの保
存や整理ができます。これにより、iPadを仕事で利用しやすくなり
ました。また、iPad内にファイルを保存するだけでなく、オンライン
ストレージや外付けストレージなども使えます。

[ファイル]アプリの基本を知る

Point
● 自動でアプリごとのフォルダが作られている
● クイックルックや検索の機能がある

　アプリごとのフォルダが自動で作られてファイルが保存されています。[ファイル]アプリで、保存されているファイルを開いたり検索したりすることができます。

1 フォルダごとに保存されている

[ファイル]アプリを開きます。この図はオンラインストレージとしてiCloud Driveだけを利用している状態です(iCloud Driveの利用方法は後述します)。[このiPad内]をタップすると、iPadに保存されている項目が表示されます。このiPadで使ったことのある[Pages]や[Keynote]のフォルダが自動で作られ、それぞれのアプリのファイルがフォルダに保存されています。

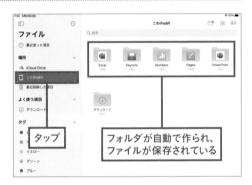

タップ

フォルダが自動で作られ、ファイルが保存されている

> **HINT すべてのファイルを扱えるわけではない**
>
> すべてのアプリのファイルに[ファイル]アプリからアクセスできるわけではなく、アプリが独自にデータを管理していて[ファイル]アプリに表示されない場合もあります。

2 ファイルの内容を見る

ファイルのアイコンをタップすると、アプリでファイルが開くか、または[ファイル]アプリ内で内容が表示されます。どちらになるかはファイルの種類やiPadにインストールされているアプリにより異なります。

タップすると内容が表示される

> **HINT クイックルック**
>
> [ファイル]アプリ内で内容が表示される機能を「クイックルック」といいます。

3 アプリを指定してファイルを開く

ここでは例としてPDFで解説します。ファイルのアイコンを長く押し、メニューが表示されたら[共有]をタップします。

4 アプリを選択する

PDFを利用できるアプリが表示されるのでタップして選択します。目的のアプリが表示されない場合は[その他]をタップするとアプリの一覧が表示されるので、アプリをタップして選択します。

HINT　クイックルックからアプリで開く

クイックルックの右上に表示されるアプリ名、または共有アイコンをタップして、アプリで開くこともできます。

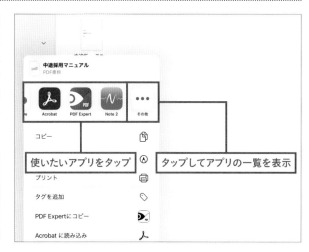

5 ファイルを検索する

特定のストレージやフォルダ内を検索したい場合は、その場所を表示します。検索フィールドをタップして語句を入力し、検索対象の場所をタップして選択します。

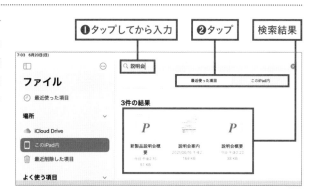

02 [ファイル]アプリに ファイルを保存する

Point
- [メール]やAirDropで受け取り、フォルダを指定して保存
- [Safari]でダウンロードすると[ダウンロード]フォルダに保存される

メール添付やWebページからのダウンロード、AirDropなど、iPadで受け取ったファイルを[ファイル]アプリに保存して整理できます。

メールの添付ファイルを受け取る

1 [メール]で添付ファイルを受け取る

受信したメールに添付されているファイルのアイコンを長く押します。

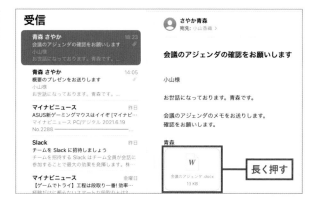

2 ["ファイル"に保存]をタップする

ファイルのプレビューとメニューが表示されます。["ファイル"に保存]をタップします。

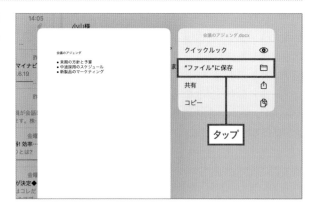

3　場所を指定して保存する

［ファイル］アプリの項目が表示されます。このファイルを保存したい場所をタップして選択し、［保存］をタップします。

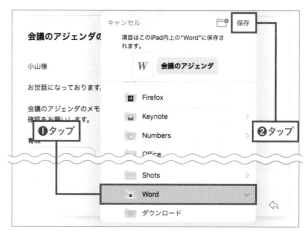

Zipファイルを［ファイル］アプリで解凍する

仕事では、Zip形式で圧縮されたファイルがメール添付で送られてくることもよくあります。メールに添付されているZipファイルを前述の**1**〜**3**の操作で［ファイル］アプリに保存します。保存後に［ファイル］アプリを開き、Zipファイルをタップすると、解凍されてフォルダになります。

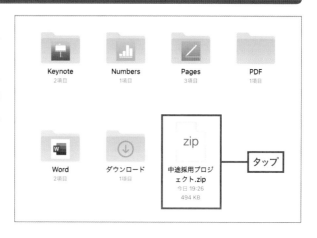

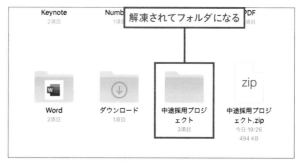

[Safari]でファイルをダウンロードする

1 ダウンロードのリンクをタップする

[Safari]を使ってWebページからファイルをダウンロードすることもあります。図はDropboxのWebページからダウンロードする例です。⬇をタップし、[直接ダウンロード]をタップします。この後、確認のメッセージが表示されたら[ダウンロード]をタップします。これで[ファイル]アプリの[ダウンロード]フォルダに保存されます。

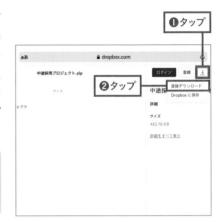

> 🎓 **保存場所を設定する**
> TIPS
>
> [設定]の[Safari]→[ダウンロード]をタップすると、ダウンロードするファイルの保存場所を設定できます。

2 ダウンロードの履歴を見る

⬇をタップするとダウンロードの履歴が表示されます。🔍をタップすると[ファイル]アプリが開いてこのファイルが表示されます。

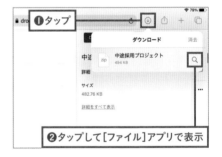

> 🎓 **[Safari]からPDFを保存する**
> TIPS
>
> [Safari]でPDFへのリンクを開くと、[Safari]のウインドウにPDFが表示されます。右上の共有アイコンをタップし、[ファイル]アプリのほか、任意のアプリに保存できます。

AirDropで受け取る

1 [ファイル]をタップする

ほかのデバイスからAirDropでファイルが送られてきたときに[ファイル]をタップします。

> 💡 **AirDropで画像ファイルを受け取る**
> HINT
>
> AirDropで画像ファイルを受け取ると自動で[写真]アプリに保存されるので、この操作で[ファイル]アプリに保存することはできません。[写真]アプリから[ファイル]アプリにコピーする操作を次ページで解説します。

2 場所を指定して保存する

保存する場所をタップして選択し、[保存]をタップします。

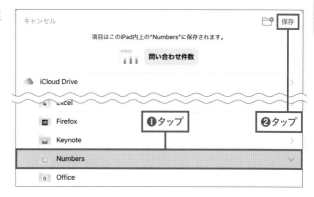

ほかのアプリから[ファイル]アプリに送る

アプリのデータを[ファイル]アプリに送ることもできます。ここでは例として[写真]アプリで解説します。送りたい写真を開き、共有アイコンをタップします。ダイアログが開いたら["ファイル"に保存]をタップします。この後、上の2と同様に場所を指定して保存します。

[写真]アプリ以外でも同様

共有アイコンなどのメニューに["ファイル"に保存]が表示されるアプリなら、同様に操作できます。例えば[メモ]アプリでは◎をタップし、[コピーを送信]をタップします。次の画面で["ファイル"に保存]を選択できます。

03 [ファイル]アプリでファイルやフォルダを整理する

Point
- ●フォルダの作成、移動や削除などを利用して使いやすいように整理しよう
- ●フォルダを圧縮する機能もある

　仕事でiPadを使っているとファイルがどんどん増えていきます。フォルダを作るなど、使いやすいように整理しましょう。

■ ファイルやフォルダの名前を変更する

アイコンを長く押し、メニューが表示されたら[名称変更]をタップします。この後、名前が選択された状態になるので、新しい名前を入力します。

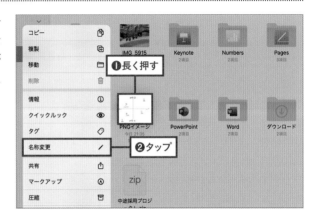

■ フォルダを作成する

 をタップすると新規フォルダが作成されます。名前が選択された状態になっているので、フォルダの名前を入力します。

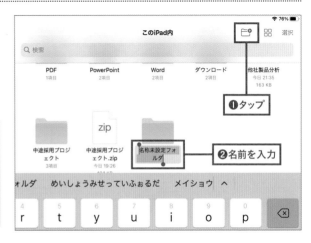

💡 フォルダを圧縮する
HINT

フォルダを長く押し、メニューの[圧縮]をタップするとZipファイルになります。複数のファイルをメールで送信したいときなどに便利です。メールにファイルを添付する方法はChapter5を参照してください。

■ 項目をフォルダに入れる

アイコンを長く押し、ドラッグしてフォルダに重ねて入れます。

💡 **HINT フォルダから取り出したいときは?**

フォルダ内のアイコンを長く押し、メニューから[移動]をタップします。次に開く画面で移動先をタップして選択します。

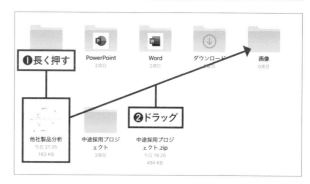

■ 項目を複製する

アイコンを長く押し、メニューの[複製]をタップします。

💡 **HINT コピー&ペーストもできる**

アイコンを長く押し、メニューの[コピー]をタップします。その後、複製先にしたい場所を開き、アイコンのないところで長く押して、メニューの[ペースト]をタップします。別のフォルダに複製を作りたいときに便利です。

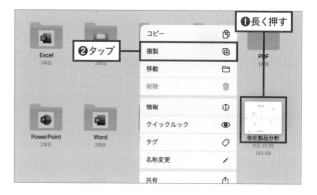

■ 項目を削除する

アイコンを長く押し、メニューの[削除]をタップします。

💡 **HINT 削除した項目を復元する**

サイドバーの[最近削除した項目]をタップすると、削除した項目を長く押して、メニューから復元できます。ただし、すでに完全に削除されていて復元できないこともあります。

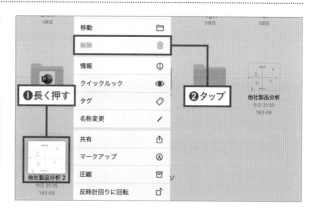

04

［ファイル］アプリで iCloud Driveを使う

- ［設定］でiCloud Driveをオンにする
- iPadとiCloud Driveの間でファイルやフォルダをコピーできる

　オンラインストレージとはインターネット上にある保存場所です。書類のバックアップ、複数デバイス間での同期、ほかの人とのファイルの受け渡しなどに利用されます。Appleが提供しているオンラインストレージのiCloud Driveを［ファイル］アプリで利用できます。

1 iCloud Driveの設定をする

［設定］でiCloudにサインインした状態にします。自分の名前の部分をタップし、［iCloud］をタップします。

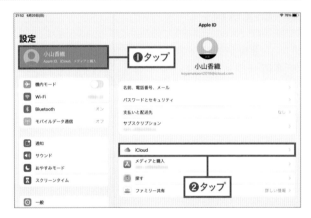

2 iCloud Driveをオンにする

［iCloud Drive］のスイッチをタップしてオンにします。このiPadにインストールされているアプリのうち、iCloud Driveを利用できるアプリの一覧が表示されているので、iCloud Driveを利用するアプリのスイッチをタップしてオンにします。

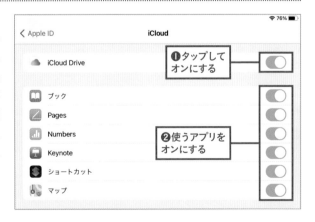

3 ［ファイル］アプリで利用する

［ファイル］アプリでサイドバー
の［iCloud Drive］をタップし
て、［このiPad内］と同様に利
用できます。

HINT

iCloud Driveの容量

iCloudにサインインすると無料で
5GBのiCloud Driveを利用できま
す。足りなくなったら［設定］で［自
分の名前］→［iCloud］→［ストレー
ジを管理］→［ストレージプランを
変更］をタップして、有料で容量を
追加できます。

4 iPadとiCloud Driveの間でファイルをコピーする

［このiPad内］のいずれかの
場所にある項目をサイドバー
の［iCloud Drive］にドラッグ
して重ねるとコピーされま
す。逆方向も同様です。同
じストレージ内でドラッグす
ると移動になりますが、別の
ストレージの間ではコピーに
なります。

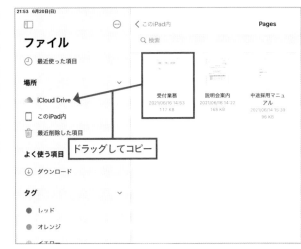

TIPS

ほかのデバイスでもこのiCloud Driveを利用する

iPhoneやMac、別のiPadで同じApple IDを使っていると、どのデバイスからもこのiCloud Driveを利用できます。
例えばiPadで作成中の書類をiCloud Driveに保存し、移動中はiPhoneで作業の続きをするといったことが可能で
す。WindowsパソコンではブラウザでiCloud.comにアクセスしてサインインすると、iCloud Driveを利用できます。

[ファイル]アプリで他社の オンラインストレージを使う

05

Point
- まず各サービスにサインインする
- [ファイル]アプリのサイドバーにストレージを表示して使う

　他社のオンラインストレージサービスも[ファイル]アプリで利用できます。本書では例としてDropboxで解説しますが、他のサービスでも使い方は同様です。

1 [Dropbox]アプリでログインする

[ファイル]アプリで利用するには、サービスにログインしておく必要があります。App Storeから[Dropbox]アプリ(執筆時点で無料)をインストールし、起動してログインします。

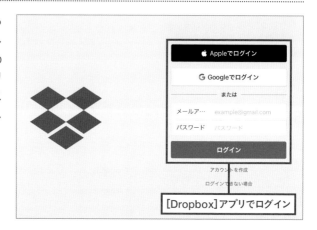

[Dropbox]アプリでログイン

2 サイドバーを編集する

[ファイル]アプリの◌◌◌ をタップし、[サイドバーを編集]をタップします。

 [その他の場所]と 赤い数字

オンラインストレージにサインインした直後などに、右の図のように[その他の場所]の項目と赤い数字が表示されることがあります。ここをタップしてサイドバーを編集することもできます。

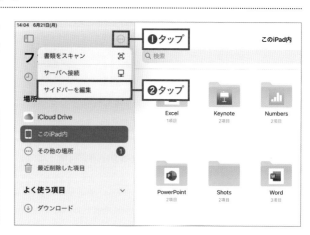

3 ストレージを使えるようにする

このiPadにインストールされ
ているアプリのサービスのう
ち、[ファイル]アプリで利用
できるストレージが表示され
ます。[Dropbox]のスイッチ
をタップしてオンにしたら、[完
了]をタップします。

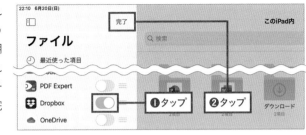

4 Dropboxを利用する

サイドバーに[Dropbox]が現
れ、タップするとDropboxの
中身が表示されます。あとは、
前述したiCloud Driveと同様
に利用できます。

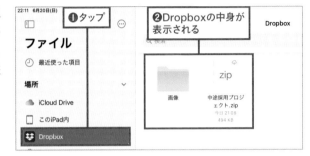

5 Dropbox内のファイルを開く

Dropboxの場合、アイコンに
雲が付いているファイルはこ
のiPadにまだダウンロードさ
れていません。タップすると
ダウンロードされた上で開き
ます。ダウンロードされていな
いファイルは、iPadがインター
ネットに接続されていないと
開けません。

**サービスにより
動作が異なる**

HINT

iPadがインターネットに接続さ
れていない場合の動作は、サービ
スにより異なります。

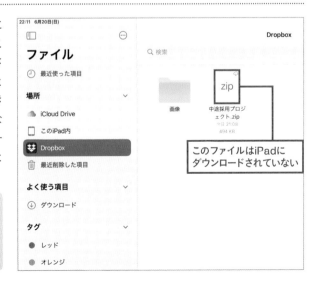

06 アプリからファイルを利用する

Point
- アプリで書類を作成する際などに[ファイル]アプリと同様の画面が表示されることがある
- アプリから書類を開く際にも、書類が保存されているフォルダを指定する

アプリによっては、新規書類を作成したり既存の書類を開いたりする際に、[ファイル]アプリと同様の画面が表示されることがあります。Appleの[Pages]とMicrosoftの[Word]アプリを例にとって解説します。

■ [Pages]アプリで場所を指定して新規書類を作成する

ワープロアプリの[Pages]を起動すると、[ファイル]アプリによく似た画面が表示されます。例えばこのiPad内に書類を作って保存したいなら、[このiPad内]をタップしてから[新規作成]をタップします。

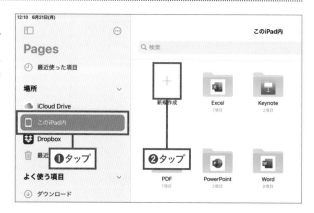

TIPS **作成中の書類が開いている場合**

[Pages]で作成中の書類が開いている場合は、[書類]をタップすると上の画面になります。

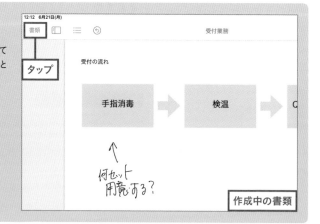

■ [Pages]アプリで既存の書類を開く

書類が保存されているストレージやフォルダをタップして開きます。例えば[iCloud Drive]をタップし、[Pages]フォルダをタップして、この中にあるファイルをタップして開きます。

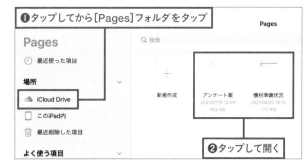

■ [Word]アプリで既存の書類を開く

[Word]アプリ(執筆時点で無料)を起動し、■をタップします。[ファイルアプリ]をタップすると、[ファイル]アプリと同様のダイアログが開き、保存場所を選択して、保存されているファイルを開くことができます。

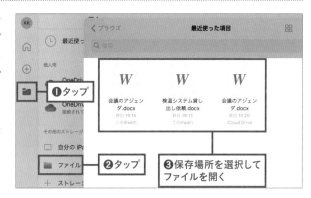

■ [Word]アプリで場所を指定してファイルを保存する

[Word]アプリで新規書類を作成し、◀をタップして[保存]をタップします。または画面右上の■をタップし、[保存]をタップします。ダイアログが開いたら書類の名前を入力します。保存場所をタップして選択します。その後、右上にある[保存]をタップします。

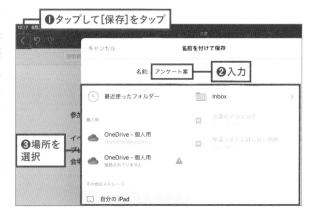

07 オンラインストレージサービスの専用アプリを使う

Point
- ●オンラインストレージサービスの専用アプリもある
- ●ファイルの整理だけでなく独自の機能もある

iPadの標準アプリである[ファイル]アプリで他社のオンラインストレージサービスを利用する方法を前述しましたが、それぞれのサービス専用のアプリもあります。ファイルを整理したり開いたりするだけでなく、サービスに独自の機能も利用できます。例としてMicrosoftの[OneDrive]アプリ（執筆時点で無料、ただし仕事で使うには商用利用権のあるアカウントが必要。商用利用権についてはChapter6を参照してください）を紹介します。

1 保存されているファイルを見る

App Storeから[OneDrive]アプリをインストールし、起動してサインインします。[ホーム]または[ファイル]をタップするとOneDriveに保存されているファイルが表示され、タップするとプレビューが表示されます。アカウントの種類によって画面や機能は一部異なります。

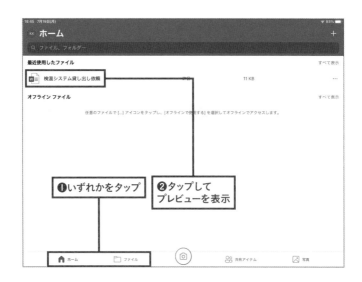

ファイルの削除と復元

ファイル名の右端にある … をタップするとファイルを削除できます。画面左上のイニシャルまたは画像のアイコンをタップして[ごみ箱]をタップすると、削除したファイルを復元できます。

2 写真を撮影してOneDriveに保存する

■の画面で下部中央にある
◎をタップします。[写真]を
タップして選択し、シャッター
ボタンをタップして撮影しま
す。この後、右下に表示され
る[完了]をタップし、場所を
指定して保存します。

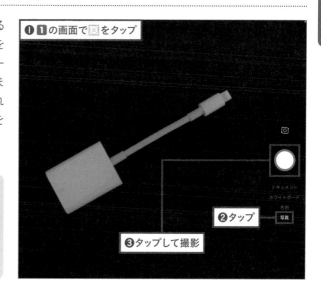

❶ ■の画面で◎をタップ

❷タップ

❸タップして撮影

3 [OneDrive]アプリから書類を作成する

下部の[ホーム]または[ファイ
ル]をタップし、右上の■を
タップします。ここから書類
の作成を始めることができま
す。作成した書類はOneDrive
に保存されます。

❶いずれかをタップ

🏠 ホーム　　📁 ファイル　　◎　　🔗 共有アイテム

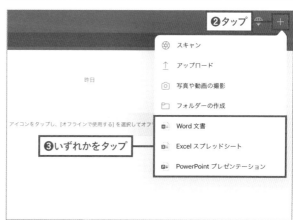

❷タップ

⚙ スキャン

↑ アップロード

◎ 写真や動画の撮影

📁 フォルダーの作成

❸いずれかをタップ

▦ Word 文書

▦ Excel スプレッドシート

▦ PowerPoint プレゼンテーション

4 写真のバックアップをとる

[写真]アプリに保存されている写真を、OneDriveに自動でアップロードできます。**1** の画面で左上にある自分のイニシャルまたは画像をタップします。[設定]をタップし、次の画面で[カメラのアップロード]をタップします。

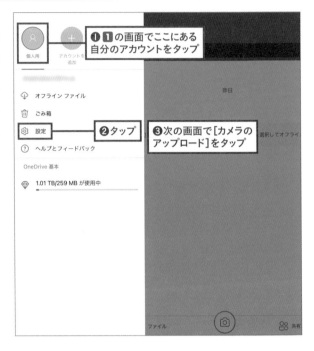

❶1の画面でここにある自分のアカウントをタップ

❷タップ

❸次の画面で[カメラのアップロード]をタップ

5 アップロードを有効にする

アカウントのスイッチをタップしてオンにします。[動画を含む]のスイッチをオンにすると、動画もアップロードされます。OneDriveに保存された写真は、下部の[写真]または[ファイル]をタップして表示します。

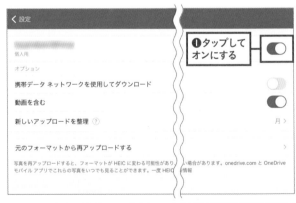

❶タップしてオンにする

❷いずれかをタップしてOneDrive上の写真を表示

> **HINT**
> **[写真]へのアクセスを許可する**
>
> アップロードをオンにする際に写真へのアクセスが許可されていない場合は、iPadの[設定]を開き、[OneDrive]をタップして、アクセスを許可します。

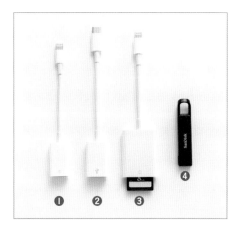

08 USBメモリなどの 外付けストレージを利用する

Point
- ●iPadのモデルと外付けストレージに応じてアダプタ類が必要
- ●[ファイル]アプリで利用できる

オンラインストレージを使う機会が多くなってきているとはいえ、データの受け渡しや持ち運びにUSBメモリやハードディスク、SDカードなどの外付けストレージを利用することもあるでしょう。iPadに外付けストレージを接続して[ファイル]アプリで利用できます。

■ 接続するアダプタなどを用意する

iPad本体のコネクタはLightningか、USB-CまたはUSB 4（形状は同じ）のどちらかで、モデルにより異なります。iPad本体のコネクタと接続するストレージに合うように、アダプタなどの購入を検討します。主な接続方法を紹介します。

❶ Lightning - USBカメラアダプタ（Apple）
本体のコネクタがLightningのiPadで使用します。このアダプタを使って、USB-Aで接続する機器を利用できます。ハードディスクやUSBメモリなど、外付けストレージの多くはUSB-Aで接続するタイプです。

❷ USB-C - USBアダプタ（Apple）
本体のコネクタがUSB-CまたはUSB 4のiPadに、USB-Aの外付けストレージを接続できるアダプタです。

❸ Lightning - SDカードカメラリーダー（Apple）
本体のコネクタがLightningのiPadでSDカードの読み書きをするカードリーダーです。上の写真で参考のために挿入しているSDカードは他社製品です。後述するように[ファイル]アプリでファイルのやり取りができるほか、デジタルカメラで使用しているSDカードを挿入し、デジタルカメラで撮った写真をiPadの[写真]アプリに取り込むこともできます。

❹ SanDisk Ultra USB Type-C Flash Drive
コネクタがUSB-Cのフラッシュドライブです。本体のコネクタがUSB-CまたはUSB 4のiPadに直接接続できます。

■ [ファイル]アプリで利用する

外付けストレージをiPadに接続すると、[ファイル] アプリのサイドバーに表示されます。iPad内やオンラインストレージと同様に、外付けストレージ内のファイルを開いたり、外付けストレージとiPadの間でファイルをコピーしたりできます。

接続したストレージ

 取り出しのアイコンなどはない

パソコンでは外付けストレージを取り出すメニューを選択したりアイコンをクリックしたりしてからケーブルなどをはずしますが、iPadではそのようなアイコンなどはありません。使い終わったらiPadのコネクタからはずします。

■ 外付けハードディスクは多くの場合、電源が必要

フラッシュドライブやSDカードリーダーはiPadからの給電で動作するため、iPadに接続すれば利用できます。外付けハードディスクはiPadからの給電では動作しないことが多いため、その場合はハードディスクを電源にも接続する必要があります。

■ 利用できるUSBドライブのフォーマット

iPadで利用できるUSBドライブは、データパーティションが1つで、FAT、FAT32、exFAT（FAT64）、APFSでフォーマットされているものです。市販のドライブのほとんどはFATのいずれかでフォーマットされているので、iPadに接続すればすぐに利用できます。iPadでフォーマットを変更することはできません。

USBドライブまたはSDカードリーダーを接続する

1. 互換性のあるコネクタまたはアダプタを使って、USBドライブまたはSDカードリーダーをiPadの充電ポートに接続します。

   iPadのモデルと外部デバイスに応じて、Lightning - USBカメラアダプタ、Lightning - USB 3カメラアダプタ、USB-C - SDカードカメラリーダー、またはLightning - SDカードカメラリーダー（別売）が必要な場合があります。

   12.9インチiPad Pro（第5世代）または11インチiPad Pro（第3世代）では、複数のUSBドライブと他のThunderboltデバイスを互いに接続し、一連のデバイスをiPadの充電ポートに接続できます。

   注記: USBドライブは、データパーティションが1つのみであり、FAT、FAT32、exFAT（FAT64）、またはAPFSでフォーマットされている必要があります。USBドライブのフォーマットを変更するには、MacまたはPCを使用します。

2. 次のいずれかを行います:

   • SDメモリカードをカードリーダーに挿入する: カードをリーダーのスロットに無理に押し込まないでください。収まる向きは決まっています。

   注記: メモリカードから「写真」Appに写真やビデオを直接読み込むことができます。iPadに写真やビデオを読み込むを参照してください。

   • ドライブまたはメモリカードの内容を表示する: 対応しているApp（「ファイル」など）で、画面下部にある「ブラウズ」をタップしてから、「場所」の下にあるデバイスの名前をタップします。「場所」が表示されていない場合は、もう一度画面下部にある「ブラウズ」をタップします。

   • ドライブまたはカードリーダーの接続を解除する: ドライブまたはカードリーダーをiPadの充電ポートから取り外します。

AppleのWebサイトで閲覧できる「iPadユーザガイド」に仕様などが記載されている

Chapter5

ブラウザとメールの便利な機能を知る

ブラウザとメールアプリは、おそらく最も頻繁に使われるアプリでしょう。iPadに標準で付属している[Safari]と[メール]で仕事の効率を上げるヒントとコツを紹介します。

01 [Safari]でタブを利用する

Point
●タブを使うと1つのウインドウに複数のページを表示できる
●開いているタブを一覧表示にすると目的のページを見つけやすい

仕事に必要な調べものなどに、[Safari]で複数のWebページを開くことは欠かせません。タブを使う際に便利な機能を紹介します。

1 ＋から新規タブを開く

＋をタップすると空白の新規タブが開きます。＋を長く押すと最近閉じたタブが表示され、いずれかをタップして新規タブで開くことができます。

タップするか長く押して新規タブを開く

2 リンク先を別のタブで開く

リンクを長く押し、[バックグラウンドで開く]をタップします。これでリンク先のページが別のタブで開きます。

❶リンクを長く押す ❷タップ

3 リンク先のタブを前面に表示する

2の操作をした後は、現在のページが前面に表示されたまでリンク先のページは背面に表示されます。リンク先のページをタブで開くと同時に前面に表示したい場合は、[設定]の[Safari]をタップし、[新規タブをバックグラウンドで開く]のスイッチをオフにします。

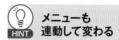

HINT メニューも連動して変わる

このように設定を変えると、**2**のメニューも[新規タブで開く]に変わります。

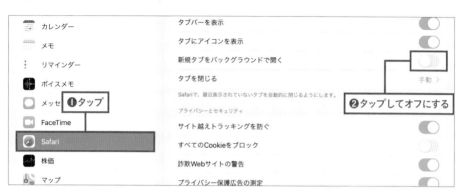

4 開いているタブを一覧表示する

複数のタブが開いているときに、◫をタップします。またはページを画面よりも縮小するような感じでピンチイン（2本の指先で縮める）します。

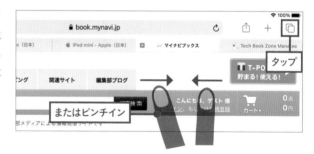

5 一覧表示から見たいページをタップする

タブが一覧表示されます。ページをタップすると大きく表示されます。不要なタブは⊠をタップして閉じることができます。

[Safari]でSplit Viewや 複数のウインドウを利用する

2つのページを並べて見比べることのできるSplit Viewも便利です。また、案件などに応じてウインドウを分けておき、切り替えながら使うこともできます。

1 Split Viewで並べて表示する

リンクを長く押してメニューの[新規ウインドウで開く]をタップすると、Split Viewになります。

2 タブからSplit Viewにする

または、タブを画面の右端か左端へドラッグします。これでSplit Viewにすることもできます。

3 Split Viewをやめる

このようにSplit Viewで2つのページを並べて同時に見ることができます。区切り線を左右のどちらかの端へドラッグすると、ウインドウが1つの状態に戻ります。

4 開いているウインドウをすべて表示する

3の操作をしてもウインドウが閉じたわけではなく非表示になっただけです。いちばん下から少し上へスワイプしてDockを表示し、[Safari]のアイコンを長く押して[すべてのウインドウを表示]をタップします。

5 開いているウインドウを操作する

開いているウインドウがすべて表示されます。見たいウインドウをタップして前面に表示します。ウインドウを上へスワイプすると閉じます。

TIPS 新規ウインドウを開く

この画面の右上にある[+]をタップして新規ウインドウを開くこともできます。

03 [Safari]の履歴の消去やプライベートブラウズを利用する

Point
- 履歴やWebサイトデータを消去してプライバシーを守る
- プライベートブラウズで履歴を残さない

　会社支給の機材に履歴を残したくないなど、[Safari]の履歴を消したい、あるいは履歴を残したくないことがあります。このような場合に、履歴の消去や履歴が残らないプライベートブラウズの機能を使いましょう。

履歴やデータを消去する

1 履歴を消去する

🔖 をタップし、🕓 をタップします。特定の履歴を消去したい場合は、履歴を左へスワイプし、右端に[削除]と表示されたらタップします。下部の[消去]をタップすると、今日の履歴やすべての履歴などを消去できます。

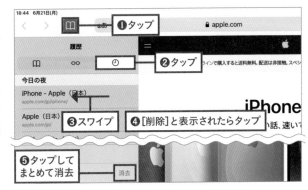

2 すべてのデータを消去する

履歴だけでなくCookieなどのデータもまとめて消去できます。[設定]の[Safari]をタップし、[履歴とWebサイトデータを消去]をタップします。確認のメッセージが表示されたら[消去]をタップします。

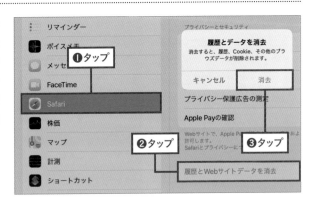

3 特定のサイトのデータを消去する

特定のサイトに関して表示が
遅い、サインインができない、
Cookieを消去してプライバ
シーを守りたいといった場合
に、そのサイトのデータだけを
削除できます。［設定］の
［Safari］→［詳細］→［Webサ
イトデータ］をタップします。
保存されているデータを消去
したいサイトを左へスワイプ
し、右端に［削除］と表示され
たらタップします。

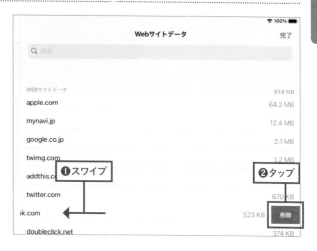

プライベートブラウズを利用する

1 タブ一覧を表示する

履歴を残さずにブラウズでき
る機能がプライベートブラウ
ズです。□をタップします。

2 ［プライベート］をタップする

［プライベート］をタップします。

3 プライベートブラウズモードに切り替わる

プライベートブラウズモードに
切り替わります。➕ をタップ
します。

4 プライベートブラウズのウインドウでブラウズする

プライベートブラウズのウイ
ンドウになります。URLの欄
が黒いのが特徴です。このウ
インドウでブラウズすると、履
歴が残りません。

5 プライベートブラウズを終了する

前ページの**1**に示した🗗 を
タップします。✖ をタップし
てウインドウを閉じます。［プ
ライベート］をタップすると、
通常のタブ一覧に戻ります。

04 [Safari]でWebページ上の語句を検索する

　Webページを目で追って目的の情報を探していくのでは、仕事の効率が上がりません。ページ上を検索する機能を使いましょう。

1 URLの欄に語句を入力する

URLの欄をタップして検索したい語句を入力します。するとWebページの候補や履歴の下に、このページ上の検索結果が表示されます。これをタップします。

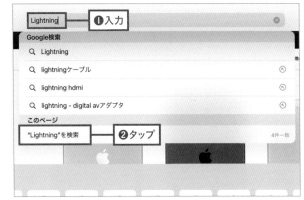

2 検索結果が表示される

検索語句の箇所へジャンプし、語句がハイライト表示されます。[∧∨]をタップして、前後の検索結果へ移動します。

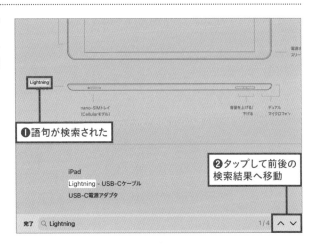

Point
- [メール]アプリで使うアカウントを[設定]で追加する
- 職場、GoogleやMicrosoft、プロバイダなど、さまざまなアカウントを利用できる

　勤務先のアカウントとプライベートのアカウントというように複数のメールアカウントを利用している方は多いでしょう。[メール]アプリで複数のアカウントを利用できます。本書ではiCloudのメールをすでに利用していて、さらにOutlook.comのアカウントを追加する手順を解説しますが、勤務先やプロバイダのアカウントでも追加や使い分けの方法は同様です。

1 すでにiCloudのメールを利用している場合

[設定]を開き、[メール]をタップします。[アカウント]に[1]と書かれていて、設定されているアカウントが1つであることがわかります。ここをタップします。

2 別のアカウントの追加を開始する

iCloudのアカウントでメールを利用していることがわかります。[アカウントを追加]をタップします。

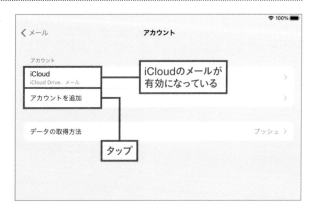

3 追加するアカウントの種類を選ぶ

追加するアカウントの種類を
タップします。本書では例と
して[Outlook.com]をタップ
します。

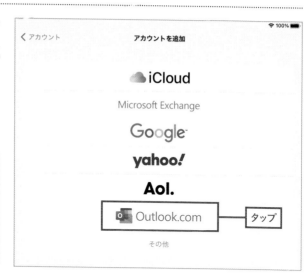

 HINT アカウントの種類

勤務先などでMicrosoft Exchange
を利用しているなら[Microsoft
Exchange]をタップします。プロ
バイダのアカウントなど、ここにな
い種類の場合は[その他]をタップ
し、画面の指示に従います。

4 Microsoftのアカウントでサインインする

Microsoftのアカウントを入
力して、[次へ]をタップします。
この後、パスワードを入力す
る画面になるので、入力して
サインインします。

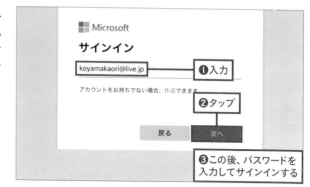

5 メールを有効にする

[メール]のスイッチをオンに
し、[保存]をタップします。こ
れで[メール]アプリでMicro
softのアカウントも使える状
態になります。

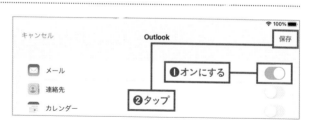

06 [メール]で複数のアカウントを使い分ける

Point
- 受信したメッセージをアカウントごとに見たり、まとめて見たりすることができる
- 送信メッセージで使用するアカウントを選択できる

前ページのように複数のメールアカウントを設定した後、[メール]アプリでどのように使い分けるかを解説します。

1 メールボックスの一覧を表示する

[メール]を開きます。いずれかのアカウントのメッセージが表示されていたら、左上の[<戻る]または[<(アカウント名)]をタップします。

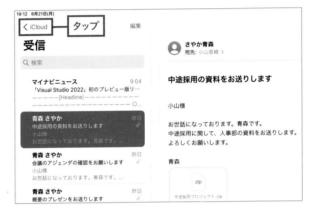

2 表示するアカウントを選択する

上の方にあるのが受信メールボックスです。アカウントをタップすると、そのアカウントで受信したメッセージが表示されます。すべてのアカウントのメッセージを見たいときは[全受信]をタップします。

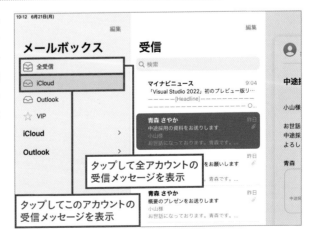

3 受信メッセージ以外を見る

あるアカウントの送信済み
メッセージを見たいといった
場合は、下半分のアカウント
名をタップし、[送信済み]な
どの項目をタップします。

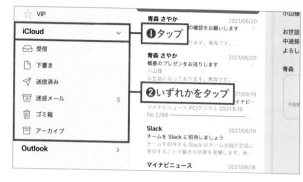

4 送信メッセージのアカウントを切り替える

どのアカウントからメッセージ
を送信するかを選択する手
順です。メッセージ作成ウイ
ンドウでアカウントが書かれ
た部分をタップします。

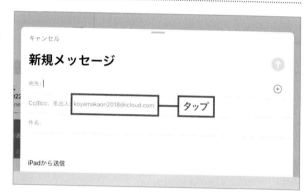

5 差出人のアカウントを選択する

[差出人]に書かれているアカ
ウントをタップすると、設定さ
れているアカウントが表示さ
れます。タップして選択します。

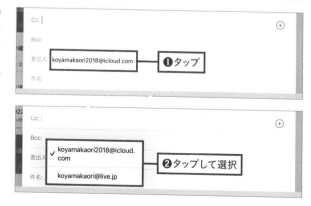

07 [メール]で署名を利用する

Point
- ●[設定]で署名を作成する
- ●アカウントごとに自動で署名を使い分けられる

仕事のアカウントでは社名や部署名、電話番号などを入れた署名、プライベートのアカウントでは氏名とメールアドレスだけの署名というように、アカウントの用途に応じて署名を使い分けるとよいでしょう。アカウントに対して使用する署名を作成します。

1 署名の作成を始める

[設定]を開き、[メール]→[署名]をタップします。

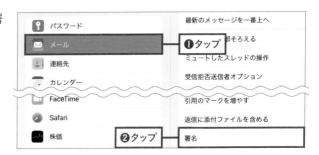

2 アカウントごとに署名を作成する

[アカウントごと]をタップします。設定されているアカウントの欄が表示されるので、それぞれのアカウントで使用する署名を入力します。

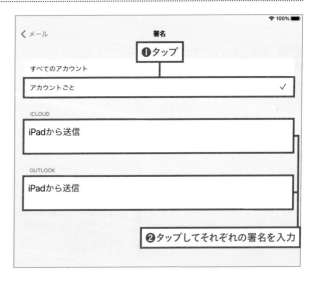

08 [メール]でメッセージをスレッドにまとめる

Point
- ●返信によるやり取りをまとめて表示する
- ●スレッドを利用するかどうかは[設定]で設定する

受信したメッセージに対する自分からの返信、さらにそれに対する相手からの返信……という一連のやりとりをひとまとめにして表示することができます。これをスレッドといいます。

1 スレッドにまとめる設定をする

[設定]の[メール]をタップし、[スレッドにまとめる]のスイッチをタップしてオンにします。

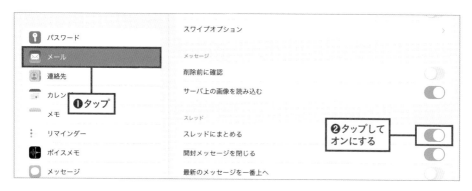

2 スレッドで表示される

[メール]アプリで、スレッドになっている受信メッセージには が表示されます。このメッセージをタップすると返信のやり取りがひとつながりに表示されます。タップするとそのメッセージが表示されます。

このアイコンが表示される　　ひとつながりに表示される

❶タップ

❷タップして広げる

129

09 ## [メール]で重要な相手からのメッセージを見逃さないようにする

Point
● 重要な相手をVIPに登録する
● VIPからのメッセージのみに特別な通知を設定できる

受信メールボックスにたくさんのメッセージがあると、重要なメッセージを見落としてしまうかもしれません。見落としたくない相手をVIPに追加すると[メール]アプリで見つけやすくなります。また、VIPからメッセージを受信したときのみ、特別な通知にすることもできます。

1 差出人をVIPに追加する

受信したメッセージの差出人の部分を2回タップします。メニューが表示されたら[VIPに追加]をタップします。

2 VIPからのメッセージに星が付く

VIPに追加した人からのメッセージに星が付き、目立つようになります。

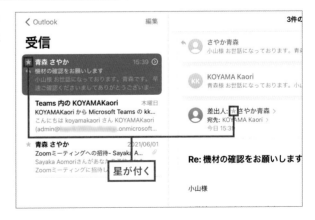

3 VIPからのメッセージだけをまとめて見る

2の画面で左上にある[<(ア
カウント名)]をタップするとこ
の画面になります。[VIP] を
タップすると、VIPの人からの
メッセージだけが表示されま
す。ここに[VIP] が表示され
ていない場合は、上部の[編
集]をタップして表示します。
VIPの設定をするには ⓘ を
タップします。

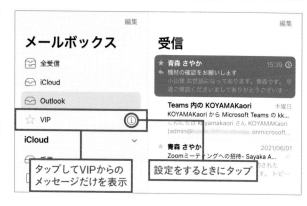

4 VIPの削除や追加をする

VIPに登録した人を削除する
には、左へスワイプし、右端に
[削除]と表示されたらタップ
します。
[VIPを追加]をタップすると
[連絡先]アプリからVIPを追
加できます。VIPに関して特
別な通知にしたい場合は[VIP
通知]をタップします。

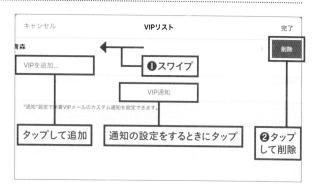

5 通知の設定をする

[設定] に切り替わり、VIPの
通知の設定が表示されます。
画面表示や音などを、通常の
メッセージとは違うものにする
ことができます。

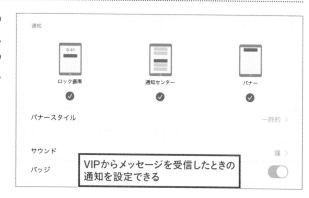

10 # [メール]でファイルを添付して送信する

Point
- さまざまな方法があるので便利な方法で添付しよう
- 複数のファイルを送信するときは、あらかじめフォルダにまとめると便利

受信したメッセージに添付されていたファイルを[ファイル]アプリに保存する方法はChapter4で取り上げましたが、ここではメッセージにファイルを添付して送信する方法を解説します。

■ メッセージ本文のメニューから添付する

メッセージ本文のカーソルのある位置をタップします。メニューから[写真またはビデオを挿入]をタップすると[写真]アプリ、[書類を追加]をタップすると[ファイル]アプリの内容が表示されるので、写真やファイルを選択して添付します。

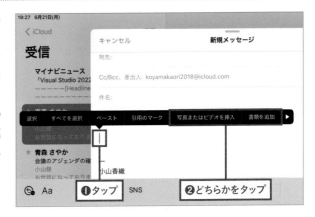

■ ドラッグ&ドロップで添付する

[メール]と[写真]をSplit ViewかSlide Overで表示します。写真を長く押し、浮き上がったように表示されたらメッセージ本文にドラッグ&ドロップします。[写真]ではなく[ファイル]アプリでも同様です。

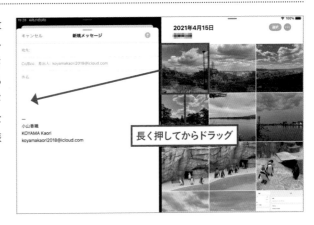

■ アプリから添付する

[Pages]を例にとって解説します。◎をタップし、[共有]をタップします。次の画面で[メール]をタップします。するとこのファイルが添付された新規メッセージが作成されます。最初にタップするボタンが違うなどアプリによって多少の違いはありますが、多くのアプリで利用できる操作です。

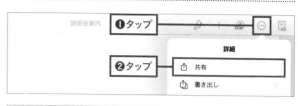

■ フォルダにまとめて圧縮する

複数のファイルを1つずつ添付することもできますが、1つにまとめて圧縮する方が送受信の手間も容量も減ります。送信したいファイルを[ファイル]アプリでフォルダにまとめます。フォルダを長く押し、[圧縮]をタップします。この後、作成されたZipファイルを前ページの操作で添付します。

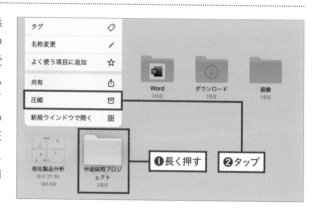

■ フォルダを共有する

または、[ファイル]アプリでフォルダを長く押し、[共有]をタップすると、この画面になります。[メール]をタップすると、Zipファイルとして添付された新規メッセージが作成されます。

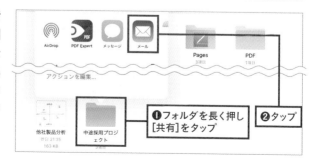

11 ブラウザとメールのデフォルトの アプリを設定する

Point
- ●ブラウザとメールのデフォルトアプリを変更できる
- ●App Storeからブラウザやメールアプリをインストールしてから設定する

　iPadには標準で[Safari]と[メール]が含まれていて、それぞれブラウザとメールのデフォルトのアプリになっています。別のブラウザやメールアプリをApp Storeからインストールすると、デフォルトのアプリを変更できます。

　デフォルトのアプリとは、例えば書類に書かれているWebページへのリンクをタップしたときにどのブラウザで開くか、問い合わせのためにWebページ上にあるメール作成のリンクをタップしたときにどのメールアプリが開くかといったことです。

1 デフォルトのブラウザを変更する

App Storeからブラウザをインストールします。[設定]を開き、[Safari]以外のブラウザをタップします。本書では例として[Chrome]をタップします。[デフォルトのブラウザApp]をタップします。

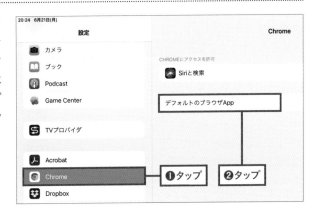

2 ブラウザを選ぶ

デフォルトにしたいブラウザをタップして選択します。

 メールアプリの変更も同様

デフォルトのメールアプリの変更も同様の手順です。[設定]で[メール]以外のメールアプリをタップし、[デフォルトのメールApp]をタップして変更します。

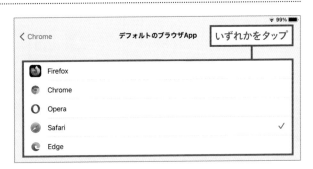

Chapter6

書類を作成する

この章ではビジネスに広く利用されるワープロ、表計算、プレゼンテーションアプリについて解説します。iPadにはApple製のワープロの[Pages]、表計算の[Numbers]、プレゼンテーションの[Keynote]が標準で付属し、無料で使えます。ビジネスアプリの代表といえるMicrosoftの[Word][Excel][PowerPoint]をインストールして使うこともできます。

01 [Pages]でビジネス文書を作る

Point
- ●フォーマットツール(ハケのアイコン)から書式を設定する
- ●一部の書式はキーボード上のツールからも設定できる

[Pages]はiPadに標準で付属しているApple製のワープロアプリで、無料で使えます。
[Pages]の基本操作を、典型的なビジネス文書の作成を例にとって解説します。

1 新規書類の作成を始める

[Pages]を起動します。これ
から作成する書類の保存場
所をタップして選択します。
例えば[このiPad内]をタップ
し、[Pages]フォルダをタッ
プします。

HINT [ファイル]アプリと よく似た画面
この画面は[ファイル]アプリとほぼ
同じです。詳しくはChapter4を参
照してください。

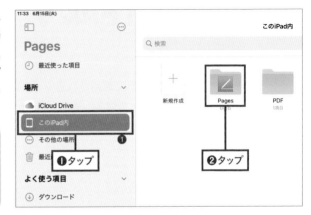

2 新規書類を作成する

[新規作成]をタップします。

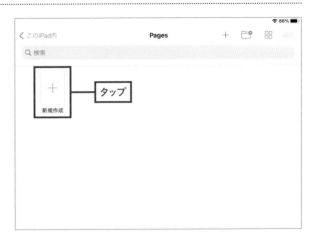

3 テンプレートを選ぶ

さまざまなテンプレートが用意されていて、美しいデザインの書類を簡単に作成できます。本書ではシンプルなビジネス文書を作成するので[空白]をタップします。

4 用紙サイズを設定する

白紙の書類が作成されました。◎をタップし、[書類設定]をタップします。[レター]か[A4]をタップして選択するか、[カスタムサイズ]をタップして次の画面で用紙の幅と高さの寸法を入力します。

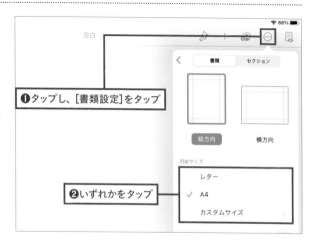

5 フォントを変更する

文章を入力後、フォントを変更したい箇所を選択します。◢をタップし、フォント名をタップして次の画面で変更します。数字の部分か□や＋をタップしてサイズを変更します。

 文字列を選択する

文字列の選択方法はChapter2を参照してください。

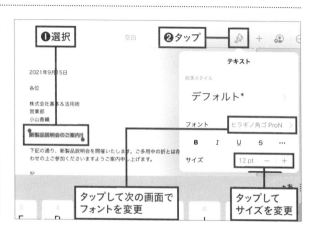

6 キーボード上のツールから文字のサイズなどを変える

変更したい箇所を選択し、キーボード上の[ああ]をタップして、文字のサイズを変えたり、太字(B)、傍点(・)、下線(U)にしたりすることもできます。

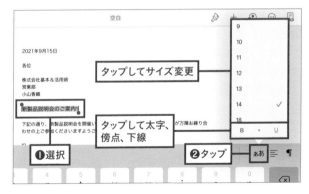

7 位置揃えを整える

変更したい箇所を選択するか、変更したい段落にカーソルを置きます。キーボード上の[≡]をタップし、位置揃えをタップします。

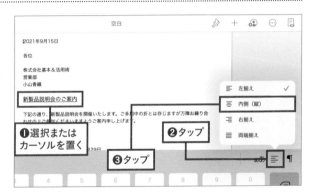

8 ルーラを表示する

この後、インデント(段落の先頭位置)を設定する際にルーラを使用します。[回]をタップし、[ルーラ]のスイッチをタップしてオンにします。

書類のプリントやPDF作成

書類のプリントやPDF作成はChapter7で解説します。

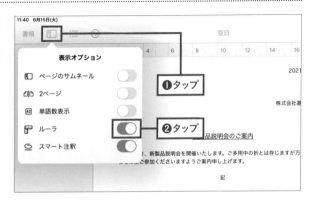

9 インデントを設定する

設定したい箇所を選択し、ルーラ上にある▽をドラッグします。

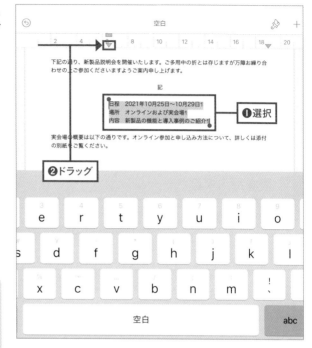

リーディング表示

AirDropやメール添付で受信した[Pages]書類を開いたときなどに、リーディング表示になっていることがあります。閲覧専用で編集はできません。[編集]をタップすると、ここまで紹介してきた編集表示の画面になります。

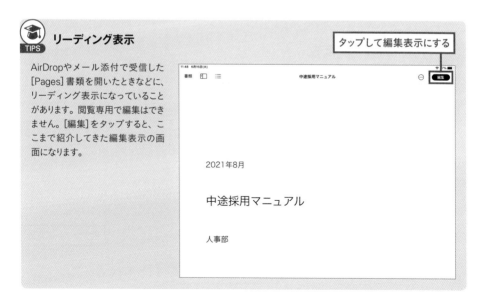

02 [Pages]で表を挿入する

Point
- ●文章が多い書類に表を挿入する方法を解説
- ●ツールからセル内の位置揃えなどを設定できる

表を挿入してセルに文字を入力し、見た目を整えていく一連の作業を解説します。ここで解説する方法で挿入した表は、書類の中では大きな1文字のように扱われるので、簡単に書類の左右方向の中央に配置できます。

1 表を挿入する

表を入れたい位置にカーソルを置きます。⊞ をタップし、⊞ をタップします。左右にスワイプして使いたいタイプの表を見つけ、タップして挿入します。

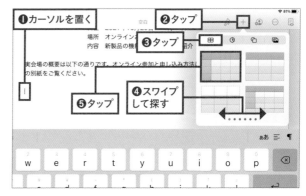

2 行数、列数を変える

右上にある ⊙ をタップすると列数が表示されます。上下の三角ボタンをタップして列数を変更します。行数も同様に、左下のボタンをタップして変更します。

3 セルに文字を入力する

セルをダブルタップして文字を入力します。この後は別のセルを1回タップすると入力できます。

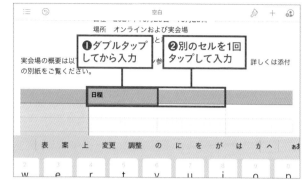

4 数字や日付などの書式を適用する

変えたいセルを選択します。⟨⟩をタップし、[フォーマット]をタップします。変えたい項目の ⓘ をタップします。

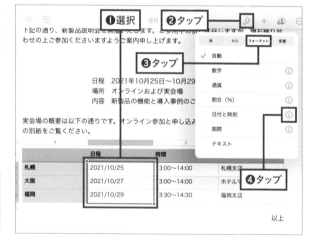

> **HINT 複数のセルを選択する**
> 複数のセルを選択する方法は、次ページの **8** を参照してください。

5 書式を選択する

適用したい書式をタップします。

6 表全体の大きさを変える

表をタップして選択します。周囲のハンドル（小さい丸）をドラッグして大きさを変更します。

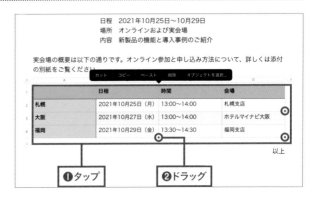

7 列の幅や行の高さを変える

表をタップして選択すると列名と行番号が表示されます。例えば[A]の列名をタップし、右端の ‖ を左右にドラッグして列幅を変えます。行の高さの変更も同様です。

8 複数のセルを選択する

この後の操作のために複数のセルを選択します。表をタップして選択してから、セルをタップして選択します。選択したセルの左上または右下のハンドルをドラッグすると、複数のセルを選択できます。

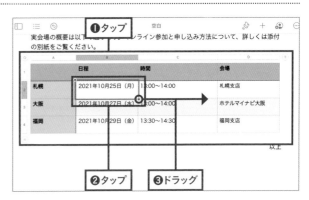

9 セル内の文字の配置を整える

整えたいセルを選択します。
 をタップし、[セル]をタップします。左右方向と上下方向の位置揃えをそれぞれタップして設定します。

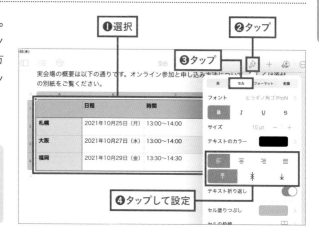

HINT
セルの色を変える

このメニューにある[セル塗りつぶし]をタップして、セルの色を変えることができます。

10 表の位置を整える

この表は、書類の中では大きな1文字のように扱われています。そのため、表の横でタップしてカーソルを置き、キーボード上の☰をタップして[内側(縦)]をタップすると、左右方向の中央に配置されます。

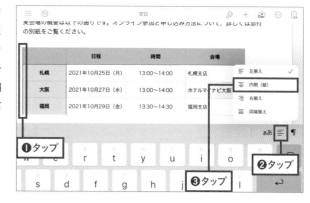

TIPS
書類の名前を変える

この書類は[空白]テンプレートから作ったので[空白]という名前になっています。書類の名前をタップし、[名称変更]をタップすると変更できます。

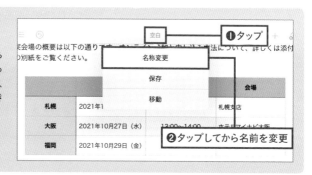

143

Point
- 図の多い文書はページレイアウト書類にすると作りやすい
- 文字、図、表、写真などを自由に配置できる

　前ページまでで作成した書類は、「文書作成書類」というタイプのものでした。[Pages]にはもうひとつ、「ページレイアウト書類」というタイプがあります。図などを自由に配置できるため、図の多い文書はページレイアウト書類として作成すると便利です。

1 書類の設定を始める

前述の手順で空白の新規書類を作成します。◎をタップし、[書類設定]をタップします。

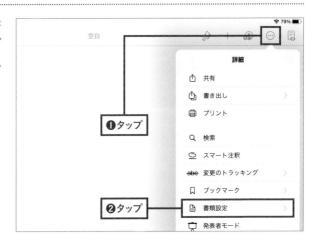

2 ページレイアウト書類にする

[書類本文]のスイッチをタップしてオフにします。ここがオンだと文書作成書類、オフだとページレイアウト書類になります。確認のダイアログが表示されたら[変換]をタップします。

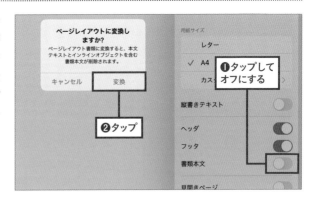

3 テキストを追加する

［＋］をタップします。［⊡］をタップし、［基本］をタップして、［テキスト］をタップします。するとテキストオブジェクトが書類に追加されます。

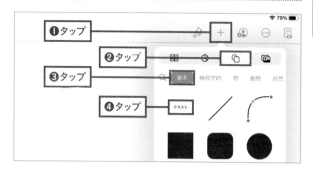

4 テキストを入力する

テキストオブジェクトをダブルタップして、テキストを入力します。
入力後に右下の ⌨ をタップするとキーボードが隠れ、テキストが確定します。

5 テキストオブジェクトの大きさや位置を整える

テキストオブジェクトをタップして選択し、周囲のハンドルをドラッグすると大きさを変えられます。オブジェクト自体をドラッグすると移動できます。

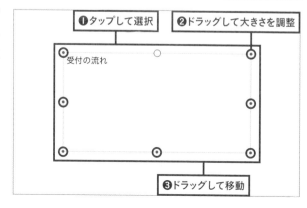

6 図形を追加する

⊞をタップし、⧉をタップします。分類をタップして使いたい図形を見つけます。タップして追加します。

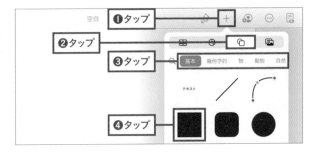

7 図形の色や枠線を設定する

図形が選択されている状態(周囲にハンドルが付いている状態)で🖊をタップします。[スタイル]をタップすると、塗りつぶしや枠線を設定できます。

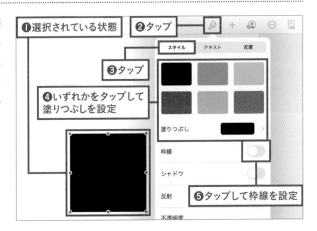

8 図形の中に文字を入力する

図形をダブルタップすると文字を入力できます。入力後に図形を選択して🖊をタップすると、[スタイル]や[テキスト]で色や文字のサイズなどを変更できます。

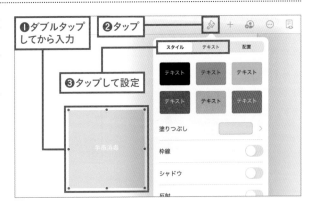

9 写真などを追加する

＋をタップし、🖼をタップします。右図のようにさまざまなデータを追加できます。[写真またはビデオ]をタップすると[写真]アプリの内容が表示されるので、タップして写真やビデオを追加します。

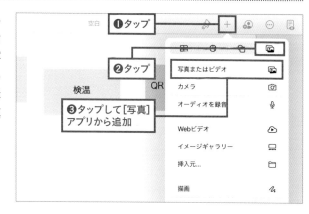

10 フリーハンドで描く

9のメニューで[描画]をタップすると、ペンなどのツールが表示されます。指先やApple Pencilなどで描くことができます。

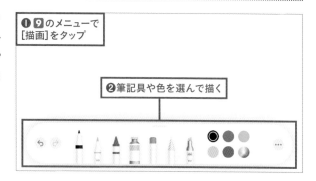

11 オブジェクトをきちんと並べる

オブジェクトの大きさを変えたり移動したりするときに、ほかのオブジェクトと位置が合うとガイドが表示されます。これを利用してきちんとしたレイアウトにすることができます。

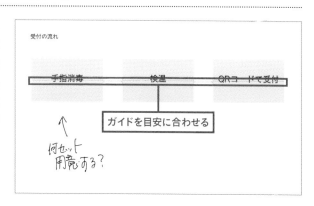

147

04 [Numbers]で表を作る

　表計算アプリとしておそらく多くの方におなじみの[Excel]は、用紙全体が1つの大きな表になっていて、グラフは表の上に貼り付けるような感じで作ります。これに対してAppleの[Numbers]は、大きな台紙の上に必要な大きさの表やグラフを作っていくイメージです。まず、表の基本的な作り方を解説します。

1 新規書類の作成を始める

[Numbers] を起動します。[Pages]と同様に、保存場所を選んでから[新規作成] をタップします。

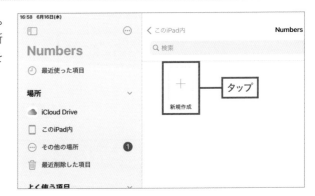

2 テンプレートを選択する

作りたい書類に近いテンプレートを選びます。本書では[空白]をタップします。

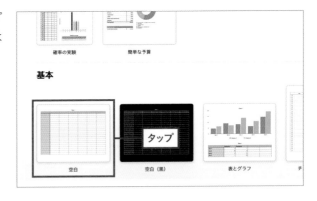

3 シートに表が配置されている

新規書類が作成されました。2本指でピンチインして縮小表示にしてみましょう。シートの上に表が配置されている状態であることがわかります。必要に応じて⊞をタップし、⊞をタップして、別の表をこのシートに追加できます。

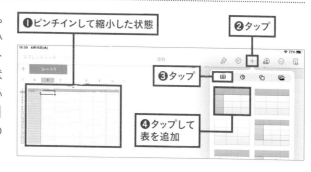

❶ピンチインして縮小した状態
❷タップ
❸タップ
❹タップして表を追加

4 セルに入力する

セルをダブルタップするとキーボードが表示され、入力できる状態になります。文字は[abc]、数字は[123]、日付や時刻などはをタップしてから入力します。

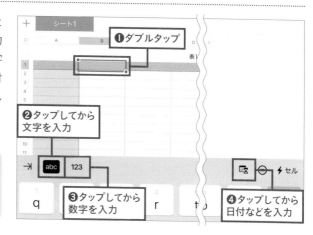

❶ダブルタップ
❷タップしてから文字を入力
❸タップしてから数字を入力
❹タップしてから日付などを入力

HINT 表のタイトルを変える

現在は[表1]となっているタイトルをダブルタップすると変更できます。

5 セルアクションで自動入力する

連続して増えるデータなどは自動入力できます。セルをタップし、もう1回タップして[セルアクション]をタップします。

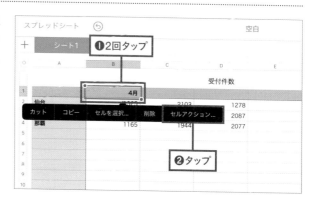

❶2回タップ
❷タップ

6 自動入力を開始する

[セルに自動入力]をタップします。

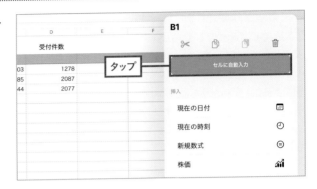

7 ドラッグして自動入力する

`II` を入力したい範囲までドラッグします。すると連続するデータが自動入力されます。

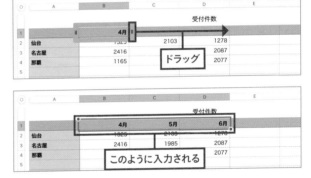

8 数式を入力する

式を入力したいセルをタップします。[セル]をタップし、[合計]をタップします。メニューにない数式の場合は[新規数式]をタップして作成します。

> 💡 **HINT**
> **数式をコピーする**
> この後、**5**〜**7**の自動入力の操作で右方向に数式をコピーできます。

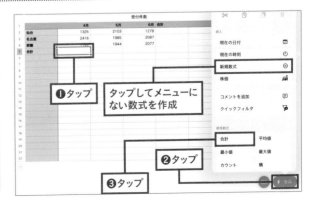

9 行数や列数を増減する

任意のセルが選択されている状態にします。列名の右端にある■を左右にドラッグすると列数を増減できます。行数も同様です。

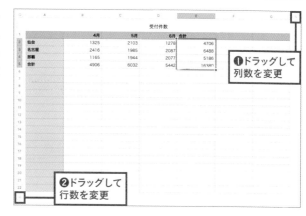

❶ドラッグして列数を変更

❷ドラッグして行数を変更

10 列の幅や行の高さを変える

列名をタップするか、またはタップしてからハンドルをドラッグして選択します。選択範囲の右端の■をドラッグすると列幅が変わります。行の高さの変更も同様です。

❶選択

❷ドラッグして列幅を変更

11 数字などの書式を設定する

ここでは数字に3桁区切りのカンマが付くようにしましょう。設定するセルを選択します。🖌をタップし、[フォーマット]をタップして、[数字]の横にある①をタップします。

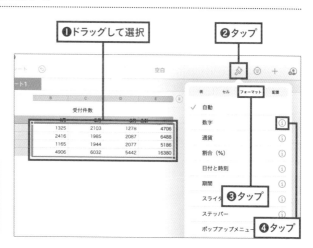

❶ドラッグして選択

❷タップ

❸タップ

❹タップ

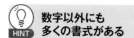

数字以外にも多くの書式がある

HINT

このメニューにあるように、通貨、日付と時刻など、さまざまな書式をここから設定できます。

151

12 3桁区切りをオンにする

[3桁区切り]のスイッチをタップしてオンにし、[フォーマット]をタップします。この後、11の画面に戻るので、[数字]をタップしてチェックが付いた状態にします。これで3桁区切りのカンマが付きます。

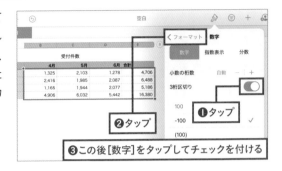

13 表のスタイルを変える

表をタップして選択します。をタップし、[表]をタップします。好みの色合いのものをタップして選択します。[1行おきに色を付ける]のスイッチをタップしてオンにすることもできます。

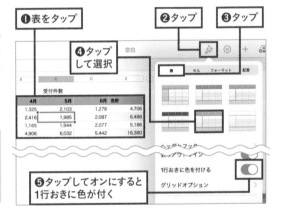

HINT セルごとに色などを変える

セルを選択し、をタップして[セル]をタップすると、セルの塗りつぶしや文字の色などを変更できます。

14 シートを追加する

この書類に複数のシート（台紙）を含めることができます。左上の[+]をタップし、[新規シート]をタップします。現在は[シート1]となっているシート名は、ダブルタップすると変更できます。

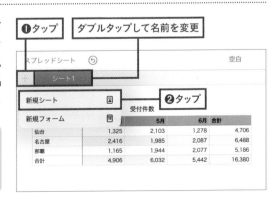

HINT シートを削除する

シート名をタップし、もう1回タップするとメニューが表示され、シートを削除できます。

05 [Numbers]でグラフを作る

Point
- 表のデータをもとにグラフを作る
- グラフの色や目盛りなど、用途に応じて書式を変更しよう

前ページまでで作成した表をもとにグラフを作成する手順を解説します。

1 データを選択してグラフを作成する

グラフの元データとなるセル範囲をドラッグして選択します。⊞をタップし、🕐をタップして、作りたいタイプのグラフをタップします。[2D]や[3D]をタップしてから左右にスワイプすると、さまざまなタイプのグラフから選択できます。

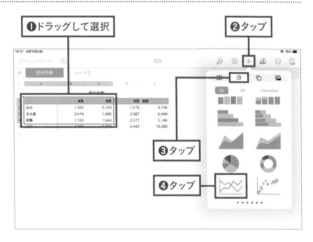

2 データの範囲を変更する

グラフが作成されました。グラフにするデータの範囲を変更するには、グラフをタップし、[参照を編集]をタップします。

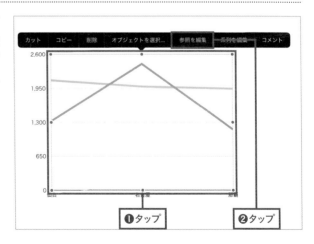

3 選択範囲を広げたり削除したりする

6月をグラフに含めるなら、選択範囲の右下を右方向へドラッグして1列広げます。4月を削除したい場合は[4月]の色のついた丸をタップし、[系列を削除]をタップします。

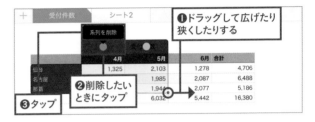

4 グラフのタイプを変更する

折れ線グラフから棒グラフにというようにタイプを変更する方法です。グラフをタップして選択します。🖊をタップし、[グラフ]をタップして[グラフタイプ]をタップします。次の画面でグラフのタイプをタップして選択します。

5 グラフの色を変える

グラフをタップして選択します。🖊をタップし、[グラフ]をタップします。全体の配色を変えるなら候補のいずれかをタップします。ここでは6月の色だけを変えるために[系列を編集]をタップします。

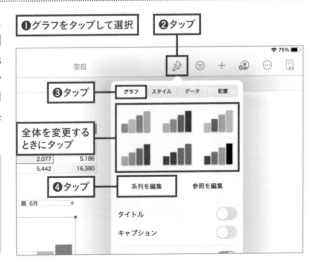

> 💡 **グラフにタイトルを付ける**
>
> HINT このメニューで[タイトル]のスイッチをタップしてオンにすると、グラフにタイトルが付きます。グラフに付けられたタイトルをダブルタップして編集します。

6 特定の系列の色などを変える

[6月]をタップします。次の画面で塗りつぶしの色などを変更します。

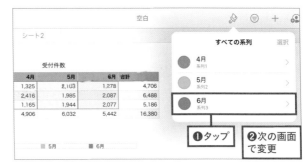

7 Y軸の最小値や最大値を変える

Y軸の目盛りはデータから自動で設定されますが、変更できます。グラフをタップして選択します。をタップし、[データ]をタップして、[Y軸目盛り]をタップします。次の画面で[最大値]や[最小値]の数値を入力します。

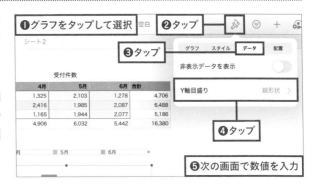

8 書類全体の配置を整える

グラフをタップし、周囲のハンドルをドラッグすると大きさを変えられます。グラフ自体をドラッグすると移動できます。表をタップし、左上の をドラッグすると移動できます。

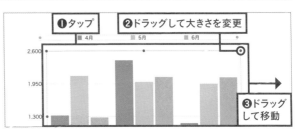

図形や写真も追加できる

[Pages]と同様に、右上の から図形や写真などを追加できます。

[Keynote]で プレゼンテーションを作る

Point
- 最初にテーマを選択するが、後から変更もできる
- テキストや写真、ほかのアプリのオブジェクトなどをスライドに配置して作成する

[Keynote]はAppleのプレゼンテーションアプリです。美しくデザインされたテーマをもとにスライドを作ることができます。

1 新規プレゼンテーションを作成する

[Keynote] を起動します。[Pages] や [Numbers] と同様に、保存場所を選択し、[新規作成] をタップします。作成方法として、ここでは[テーマを選択]をタップします。

2 テーマを選択する

美しい配色やレイアウトがあらかじめ設定されたテーマから、使いたいものをタップします。ここでは[基本カラー]をタップします。

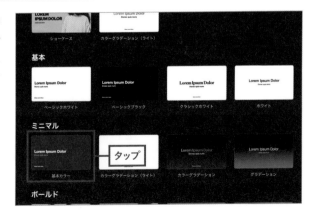

タイトルを入力する

1ページめだけのプレゼンテーションが作成されました。タイトルやサブタイトルをダブルタップして入力します。

HINT 💡 **不要な項目は入力しなくてよい**

例えばサブタイトルが不要なら、このままでかまいません。プレゼンテーションを見せるときにはサブタイトルは表示されません。

スライドを追加する

🔲 をタップし、追加したいレイアウトをタップします。ここでは[タイトル、箇条書き、画像]をタップします。

HINT 💡 **スライドはどこに追加される?**

スライドは、左側のスライド一覧で選択されているスライドの次に追加されます。

5 テキストや写真を編集する

テキストは、ダブルタップしてから入力します。画像を置き換えるには、⊕ をタップし、メニューのいずれかをタップします。[写真またはビデオを選択]をタップすると[写真]アプリに保存されている写真やビデオに置き換えることができます。

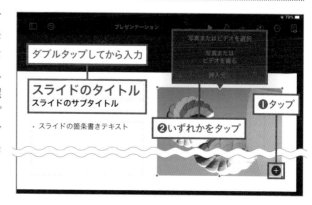

6 写真を調整する

写真はレイアウトに合わせて自動でトリミングされます。変更するには写真をダブルタップします。スライダをドラッグして拡大／縮小します。写真をドラッグして表示範囲を変えます。調整が終わったら[終了]をタップします。

7 テーマを変更する

作成を始めてからテーマを変更できます。◉をタップし、[書類設定]をタップします。

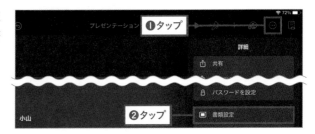

8 テーマを選ぶ

下部から使いたいテーマをタップします。ここでは[カラーグラデーション(ライト)]をタップします。◀や▶をタップして各スライドがどう変わるかを確認できます。[完了]をタップします。

9　スライドのレイアウトを変更する

[空白]として追加したスライドを[タイトルのみ]に変更したいといった場合の操作です。スライド一覧からスライドをタップして選択します。をタップし、[レイアウト]をタップします。次の画面で使用するレイアウトをタップします。

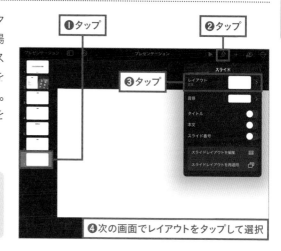

❶タップ　❷タップ　❸タップ

❹次の画面でレイアウトをタップして選択

💡 HINT　スライドの順序を変える

スライド一覧でスライドを長く押してから上下にドラッグして順序を変更できます。

10　図形などを追加する

をタップします。表やグラフ、図形、写真などを追加できます。表の作成や、図形の色を変えたり図形の中に文字を入力したりする操作は[Pages]で解説した通りです。

❶タップ　❷いずれかをタップ　❸追加したいものをタップ

💡 HINT　グラフを作成する

ここからグラフを追加した場合は、グラフをタップし、メニューから[データを編集]をタップします。すると表計算のような画面になるので、グラフにするデータを入力します。

11　ほかのアプリからオブジェクトを追加する

例えば[Numbers]のグラフをタップしてコピーし、[Keynote]にペーストできます。また[Numbers]と[Keynote]をSplit Viewで並べて表示し、グラフを長く押してからドラッグ＆ドロップして入れることもできます。

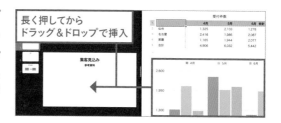

長く押してからドラッグ＆ドロップで挿入

07

[Keynote]のプレゼンテーションに動きを付ける

Point
- スライドを切り替える際の効果が「トランジション」
- スライド上のオブジェクトを動かす効果が「ビルド」

次のスライドへ進むときのアニメーション効果をトランジション、スライド上のオブジェクトに付ける効果をビルドといいます。[Keynote]にはユニークで魅力的な動きがたくさんありますが、ビジネスでは使いすぎると気が散って逆効果になることもあります。特に強調したいところや話の流れを理解してもらいたいところにだけ使うなど、工夫しましょう。

トランジションを設定する

1 トランジションを追加する

例えば1ページめから2ページめへ進むときのトランジションを設定するなら、1ページめに対して設定します。スライド一覧で1ページめをタップし、もう1回タップします。[トランジション]をタップします。次の画面で下部に表示される[トランジションを追加]をタップします。

2 トランジションを選ぶ

トランジションをタップして選択します。上のスライドで動きが再生されるので確認します。好みのものを選択したら⊗をタップします。

トランジションの設定をする

設定したトランジションをタップ
します。継続時間や、どのタイ
ミングで動くかを設定します。
トランジションをやめるときは[削
除]をタップします。

HINT 別のスライドにも
設定する

この後、左側のスライド一覧からス
ライドをタップして、別のスライド
のトランジションも続けて設定でき
ます。設定が終わったら右上の[完
了]をタップします。

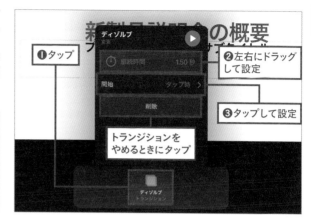

ビルドを設定する

1 ビルドの設定を始める

ここでは、左側のオブジェクト
は最初から見えている→タッ
プすると矢印が左から右へ表
示される→もう1回タップする
と右側のオブジェクトが表示
される、という動きを付けます。
最初のタップで現れる矢印を
タップして選択します。 を
タップし、[アニメーション]を
タップします。

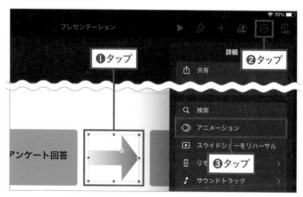

2 ビルドインを追加する

[ビルドインを追加]をタップ
します。ビルドインとは、見え
ていない状態から現れる動き
のことです。反対に見えてい
る状態から見えなくなる動き
をビルドアウトといいます。

3 ビルドを選ぶ

好みのビルドをタップして選択します。上のスライドで動きが再生されるので確認します。好みのものを選択したら⊠をタップします。

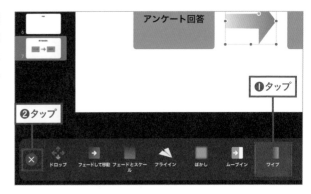

4 ビルドの設定をする

設定したビルドをタップします。方向が書かれている部分をタップします。

5 方向を設定する

外周の右側をタップして[左から]に設定します。◁をタップします。

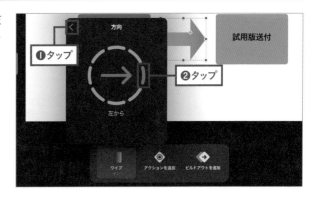

6 そのほかの設定をして確認する

4 の画面に戻ります。継続時間や動きが開始されるタイミングも設定します。▶をタップすると動きを確認できます。

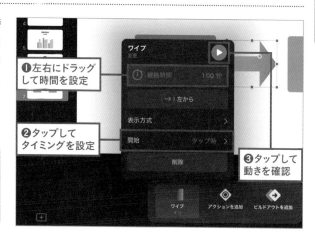

❶左右にドラッグして時間を設定

❷タップしてタイミングを設定

❸タップして動きを確認

HINT 右側のオブジェクトも設定する

この後、右側のオブジェクトをタップして選択し、2 ～ 6 を繰り返してビルドインの設定をします。

7 ビルドの順番を変える

ビルドは設定した順番で動きますが、変更することもできます。☰をタップし、ビルドを上下にドラッグして入れ替えます。設定が終わったら[完了]をタップします。

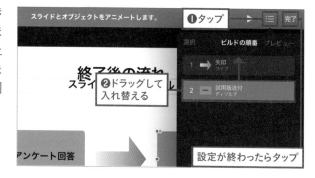

❶タップ

❷ドラッグして入れ替える

設定が終わったらタップ

TIPS 画面表示を変える

▥をタップし、[ライトテーブル]をタップするとスライドのサムネイル（縮小表示）が並んだ状態になります。ドラッグして順序を変えるときなどに便利です。[アウトライン]をタップすると、スライドのタイトルや箇条書きが表示されます。プレゼンテーションの流れを考えたりテキストを多く入力したりするときに便利です。

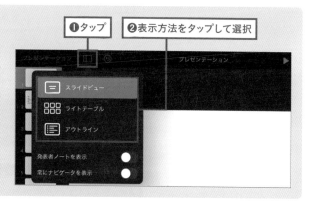

❶タップ　**❷表示方法をタップして選択**

[Keynote]のプレゼンテーションを見せる

プレゼンはiPadの画面で見せたり、iPadとプロジェクタなどを接続して見せたりすることができます。

1 iPadの画面で再生する

再生のアイコンをタップして開始します。その後は画面をタップすると次々に進み、最後のスライドでタップすると作成する画面に戻ります。

 途中で再生を止める

HINT
再生中のスライドを縮小するように2本指でピンチインすると、作成する画面に戻ります。

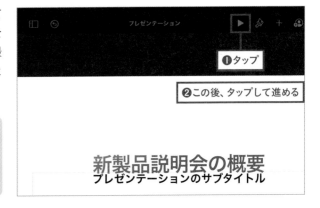

2 プレゼン中にレーザーポインタや描画ツールを使う

スライドを長く押すとツールが表示されます。レーザーポインタのツールをタップしてスライド上でドラッグすると、レーザーポインタのような赤丸が動きます。描画ツールのいずれかをタップしてスライド上でドラッグすると、線が描かれます。[終了]をタップすると通常の再生の状態に戻り、描いた線は残りません。

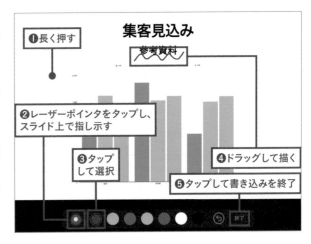

3 発表者ノートを作成する

プロジェクタなどを使ってプレゼンをする場合には、発表者ノートを利用できます。□をタップし、[発表者ノートを表示]のスイッチをタップしてオンにします。発表者ノートの領域が表示されるので、プレゼンの要点や台本を書いておきます。

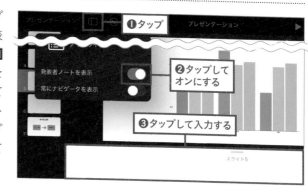

4 iPadとプロジェクタや大型ディスプレイを接続する

プロジェクタなどでプレゼンをするには、iPadのコネクタとプロジェクタのコネクタに合うアダプタやケーブルで接続します。またはApple TVなど無線で接続できる機器をセットアップします。

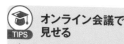

オンライン会議で見せる

オンライン会議でプレゼンを見せる方法はChapter8で解説します。

左：USB-C VGA MultiportアダプタとLightning - Digital AVアダプタ
右：Apple TV（HDMIケーブルでテレビに接続し、iPadからワイヤレスでミラーリングする）

5 iPadの画面を見ながらプレゼンをする

再生のアイコンをタップして開始します。□をタップしてiPadの画面のレイアウトを変更すると、スライドのほか発表者ノートも表示できます。プロジェクタにはスライドだけが表示されます。

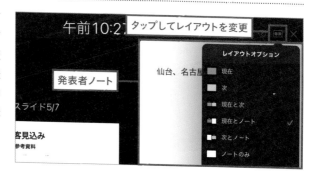

入力や編集をした内容は自動保存される

[Pages][Numbers][Keynote]では、保存場所を指定して書類の作成を開始すると、その後は入力や編集した内容が自動保存されます。この3つのアプリに限らず、iPadの多くのアプリがこのように動作します。

オフライン(インターネットに接続していない)のときに、iCloud Driveを指定して書類を作成したり、iCloud Driveに保存した書類を開いたり編集したりすることもできます。オフラインの間に作成や編集をした内容はiPadに保存され、iPadが次にオンラインになったときにiCloud Driveにアップロードされます。

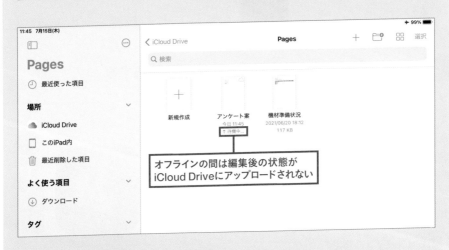

オフラインの間は編集後の状態が
iCloud Driveにアップロードされない

●[Word]などでは場所とファイル名を指定した後は自動保存される

この後解説する[Word][Excel][PowerPoint]では、初めて保存するときに場所とファイル名を指定します。その後は、編集内容が自動保存されます。

保存するときにオフラインだと、MicrosoftのクラウドストレージであるOneDriveには保存できません。オンラインのときにOneDriveに保存すれば、オフラインになっても開いて編集できます。

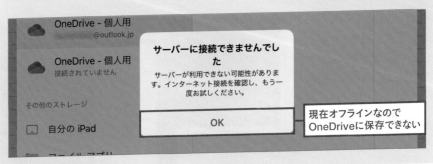

現在オフラインなので
OneDriveに保存できない

09 Microsoftのアプリを使う

Point
- アプリは無料でインストールできる
- Microsoftアカウントでサインインしない場合は書類の表示専用

Microsoftの[Word][Excel][PowerPoint]は、ビジネスで使うアプリの代表でしょう。アプリは無料でダウンロードできますが、使用には基本的に有料のアカウントが必要です。

■ Microsoftのアプリとアカウント

iPadでMicrosoftの[Word][Excel][PowerPoint]を使う際、アカウントによって使える機能に違いがあります。アカウントとサインインの状態は大きく分けて、

①アカウントなし（サインインしない）
②無料のMicrosoftアカウントでサインイン
③有料サブスクリプションのMicrosoft 365（旧称はOffice 365）でiPadの[Word][Excel] [PowerPoint]を利用できるMicrosoftアカウントでサインイン
の3種類があります。

有料サブスクリプションのMicrosoft 365には、家庭向け、一般法人向け、大企業向け、教育機関向けがあります。有料製品として、サブスクリプションではなく買い切りの家庭向けMicrosoft Officeもありますが、iPadには対応していません。

利用時に確認を

Microsoft Office関連のサービスは、これまで名称や内容が頻繁に変更されています。利用する際にMicrosoftのサイトなどで最新の情報を確認してください。

■ それぞれの状態で何ができるか

①サインインしない状態と、②無料のMicrosoftアカウントでサインインしている状態では、書類を開いて表示し、書類上のデータを選択してコピーすることのみができます。したがって、ほかの人から受け取ったファイルなどを開いて確認する用途には利用できます。
③有料のMicrosoft 365を利用できるMicrosoftアカウントでサインインすると、書類の新規作成や編集などすべての機能を使用できます。

■ 10.1インチ以下のデバイスの扱い

ただし、画面サイズが10.1インチ以下のデバイスは例外です。本書制作時点で現行製品の iPadでは、iPad mini（第5世代）がこの条件に当てはまります。

10.1インチ以下のデバイスは、サインインしない状態では表示とコピーのみで、無料のアカウントでは基本的な編集機能が使えます。有料のMicrosoft 365を利用できるアカウントではすべての機能を使用できます。

商用利用権に注意

Microsoftは商用利用を「利用する場所、時間帯、デバイスの所有権を問わず、業務目的または収益を得ることを目的とした活動」と定義しています。したがって仕事で使うのは商用利用にあたります。ライセンスによって商用利用権の有無が異なりますので、最新の情報をMicrosoftのサイトで確認し、違反のないように使用してください。

アプリのインストールと起動

① アプリをインストールする

[Word] [Excel] [Power Point] をApp Storeからインストールします。インストールは無料です。

App Storeからインストール

2 サインインしないで起動する

例として[Word]で解説します
が、[Excel]や[PowerPoint]
でも同様です。[Word]を起
動します。メッセージが表示さ
れたら[後で]をタップします。
この後、[準備が完了しました]
の画面で[表示]をタップしま
す。これで、ほかの人から受け
取った書類などを[Word]で
開いて表示できます。

3 起動後にサインインする

アカウントのアイコンをタップ
します。Microsoftアカウント
を入力して[次へ]をタップし
ます。この後、パスワードを入
力してサインインします。アカ
ウントの種類によって利用す
る際の画面や機能が異なる
ことがあります。

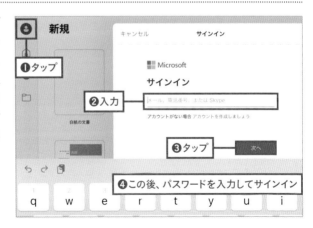

🎓 TIPS Googleのビジネスアプリを使う

Microsoft以外に、Googleのビジネスアプリを使う企業も増えています。[Googleドキュメント][Googleスプレッ
ドシート][Googleスライド]の各アプリ（無料）があり、無料のGoogleアカウントでサインインして利用できます。

10 [Word][Excel][PowerPoint]に共通の操作を知る

[Word][Excel][PowerPoint]では、書類を作成したり閉じたりするといった基本操作は共通しています。ここでは[Word]を例にとって解説します。

1 新規書類を作成する

[Word]を起動し、サインインします。＋をタップし、使いたいテンプレートをタップします。[白紙の文書]をタップすると、白紙の書類が作成されます。

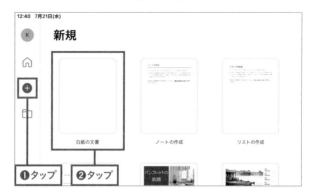

2 2つの書類を並べて表示する

同じアプリのウインドウをSplit Viewで並べて表示できます。既存の書類を見ながら新しい書類を作るときなどに便利です。テキストや図などを長く押してからドラッグ＆ドロップして、書類間でコピーすることもできます。

[Pages]などでも同様

HINT

[Pages][Numbers][Keynote]でも同様に、同じアプリのウインドウを並べて表示できます。

3 書類を閉じる

この書類を閉じて別の書類の作業をしたいときなどには ◀ をタップし、[保存]をタップします。この後、保存場所とファイル名を設定して保存します。すると **1** の画面に戻ります。

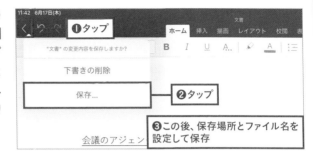

4 既存の書類を開く

最近使った書類を開くには、[ホーム]アイコンをタップします。[ホーム]画面に表示されていない書類を開くには、[開く]アイコンをタップし、[ファイル]アプリと同様の操作でファイルを見つけて開きます。

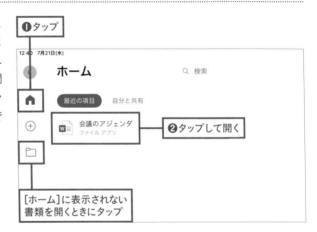

5 書類の名前を変更する

[ホーム]画面か[開く]画面で、書類の右端にある ⋯ をタップし、[名前の変更]をタップします。この後、ウインドウが表示されるので、入力して[名前の変更]をタップします。

11 [Word]を使う

Point
- 基本的な使い方はパソコン用の[Word]と似ている
- iPadならではの、指先やペンで自由に描画できる機能が便利

前述した通り、Microsoft 365でiPadのアプリを利用できるアカウントでサインインするとすべての機能を利用できます。本書ではこの状態で解説します。

文章を入力して書式を整える

ワープロアプリの[Word]で白紙の新規書類を作成したところです。基本的な使い方はコンピュータの[Word]と似ています。文章を入力し、選択して、[ホーム]タブから書式を整えます。

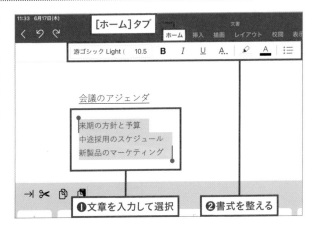

[ホーム]タブ

❶文章を入力して選択　❷書式を整える

2 表や図形、写真などを挿入する

[挿入]タブをタップすると、カーソルの位置に表や図形、写真などを挿入できます。モバイルデバイスならではの使い方として、◉をタップすると、iPadのカメラで写真を撮って挿入することができます。

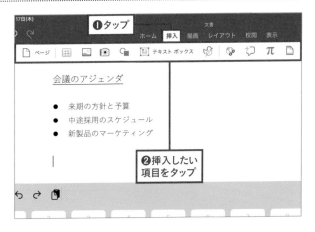

❶タップ

❷挿入したい
項目をタップ

3 写真や図を調整する

挿入した写真や図などをタップします。メニューの[置換]をタップすると、[写真]アプリに保存されている別の写真に置き換えることができます。[画像]タブをタップし[文字列の折り返し]をタップすると、本文の文字が図をよけて配置される設定をすることができます。

4 指先やペンで描く

指先やペンで自由に描けるのがiPadの利点です。[描画]タブをタップします。使いたいペンをタップし、もう1回タップしてペンの太さや色を設定します。その後、書類上でドラッグして描きます。

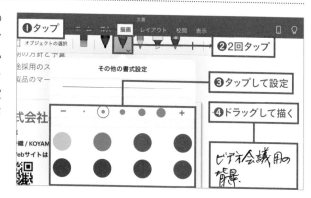

5 モバイルビューを利用する

iPadの画面が小さくて見づらいと感じるときなどに簡易的な表示にできます。モバイルビューのアイコンをタップします。もう1回タップすると先ほどまでの印刷レイアウトに戻ります。4の描画機能はモバイルビューでは利用できず、すでに描かれているものも表示されません。

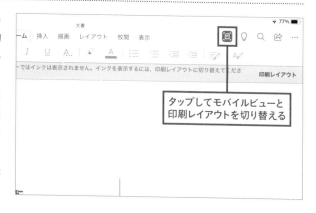

表計算アプリの[Excel]も操作はパソコン用のアプリと似ています。データの入力や数式の作成、グラフの作成などの基本的な操作を解説します。

1 新規書類にデータを入力する

[Excel]を起動し、[空白のブック]から新規書類を作成した状態です。セルをダブルタップすると入力できる状態になります。テキストを入力するときは[Abc]、数字を入力するときは[123]をタップしてから入力します。

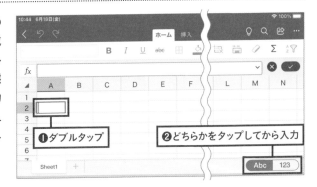

❶ダブルタップ
❷どちらかをタップしてから入力

2 数式を作成する

数式を作成するセルをタップして選択します。合計や平均などのよく使われる数式なら[Σ]をタップして、使いたいものをタップします。この後、入力フィールドの右端に表示されるチェックマークをタップして確定します。

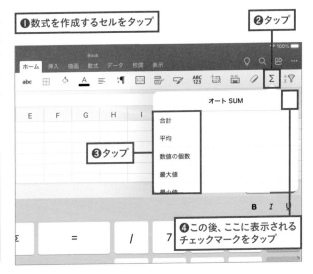

❶数式を作成するセルをタップ
❷タップ
❸タップ
❹この後、ここに表示されるチェックマークをタップ

HINT
自分で数式を作成する

1の画面にある[123]をタップすると四則演算などの記号を入力できるので、これを使って数式を作成できます。また、上部の[数式]タブをタップするとさまざまな関数を利用できます。

3 数式をコピーする

数式を作成したセルをタップ
し、メニューが表示されたら
[フィル]をタップします。この
後、セル範囲をドラッグする
と、数式がコピーされます。

手書きで描画する

[Word]で解説したように、[Excel]
も上部の[描画]タブをタップして、
手書きで図やコメントなどを書き
込むことができます。

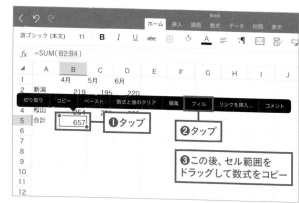

4 罫線を引く

罫線を引くセル範囲を選択し
ます。[ホーム]タブの田をタッ
プし、罫線をタップします。

**セル範囲を
選択する操作**

1つのセルをタップして選択し、左
上か右下のハンドルをドラッグし
て範囲を選択します。

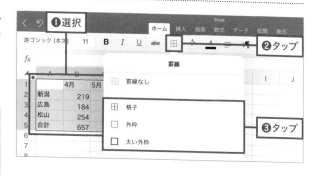

5 グラフを作成する

グラフにするセル範囲を選択
します。[挿入]タブをタップ
し、[グラフ]をタップして、利
用したいグラフをタップして
選択します。次の画面でグラ
フのスタイルをタップして選
択します。

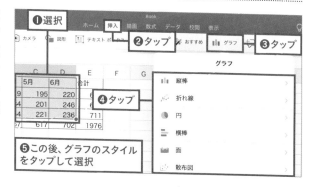

13 [PowerPoint]を使う

Point
● [Word]や[Excel]と同様に、[挿入]タブから図形や写真などを追加できる
● 画面切り替えやアニメーションの効果も上部のタブから設定する

　プレゼンテーションアプリの[PowerPoint]では、新規書類を作成するときに「テーマ」と呼ばれる基本デザインを選択します。

1 ダブルタップしてテキストを入力する

[PowerPoint]を起動し、[ファセット]のテーマから新規書類を作成した状態です。1ページめのタイトルスライドが自動で作られています。テキスト部分をダブルタップして入力します。スライドを追加するには[新しいスライド]をタップします。

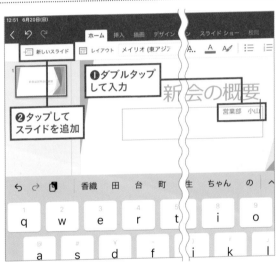

HINT 後からテーマを変更する

書類を作成した後にテーマを変更するには、[デザイン]タブの[テーマ]をタップして、使いたいものを選択します。

2 スライドのレイアウトを変更する

左側のスライド一覧で、レイアウトを変更したいスライドをタップして選択します。[レイアウト]をタップし、使いたいものをタップして変更します。

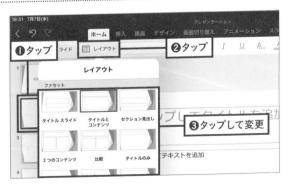

TIPS スライドの順番を変える

左側のスライド一覧でスライドを上下にドラッグすると、順番を変えられます。

3 表や図形、写真などを挿入する

[挿入]タブをタップすると、表や図形、写真などを挿入できます。[図形]をタップすると、さまざまな図形をタップして挿入できます。

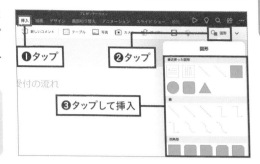

TIPS 図形の中に文字を入力する

図形をダブルタップすると、中に文字を入力できます。

4 画面切り替えの効果を付ける

例えば1ページめから2ページめへ進むときの効果を設定するなら、2ページめに対して設定します。スライド一覧で2ページめをタップして選択し、[画面切り替え]タブをタップします。[切り替え効果]をタップし、使いたいものをタップして選択します。

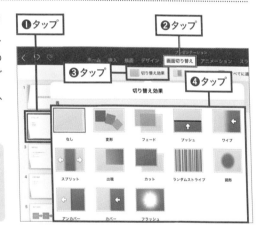

TIPS スライドショーを再生する

右上にある ▷ をタップすると、表示されているスライドから再生が始まります。再生中は、画面の右端をタップすると次へ進みます。

5 オブジェクトにアニメーション効果を付ける

オブジェクトをタップして選択し、[アニメーション]タブをタップします。非表示の状態から表示させるには[開始効果]をタップし、使いたいものをタップして選択します。

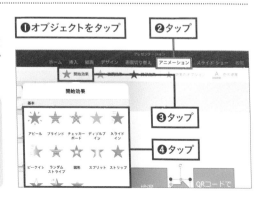

HINT 動く方向などを設定する

この後、設定したオブジェクトの横に[1]などと動きの順番を表す番号が付きます。この番号をタップし、上部の[効果のオプション]をタップすると、動く方向などを設定できます。

14 [Microsoft Office]を使う

Point
- [Word][Excel][PowerPoint]の機能をこの1つのアプリで利用できる
- メモや写真などの機能もある

[Word][Excel][PowerPoint]の各アプリとは別に、[Microsoft Office]というiPhoneとiPad用のアプリ（執筆時点で無料）があります。[Word][Excel][PowerPoint]の機能に加え、さらに別の機能も搭載したアプリです。Officeの書類のほか、メモや写真をまとめておくアプリとしても利用できます。

1 [Microsoft Office]をインストールする

[Microsoft Office]をApp Storeからインストールします。仕事での利用には商用利用権のあるアカウントが必要です。

2 [Word][Excel][PowerPoint]の書類を作成する

[+作成]をタップし、[Word][Excel][PowerPoint]のいずれかをタップすると、それぞれの書類を作成できます。
[Word]などの単体のアプリがインストールされている必要はありません。

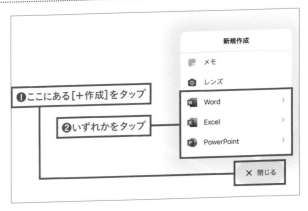

3 メモを作成する

2のメニューで[メモ]をタップすると、この画面になります。メモを入力し、∨をタップして終了します。

写真を撮影する
HINT
2のメニューで[レンズ]をタップすると、iPadのカメラで撮影してこのアプリに保存できます。iPadの[写真]アプリには保存されません。

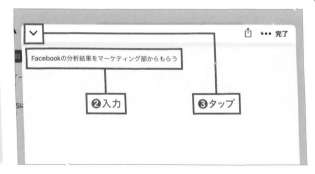

❶2のメニューで[メモ]をタップ

Facebookの分析結果をマーケティング部からもらう

❷入力　❸タップ

4 そのほかの機能を利用する

操作のアイコンをタップすると、このアプリで利用できる機能が表示されます。利用したい機能をタップします。

5 最近使った項目を見る

ホームのアイコンをタップすると、最近使った項目が表示されます。このアプリで作成したり開いたりした書類のほか、メモや撮影した写真もここに表示され、タップして開くことができます。

15 Microsoft Officeの Webアプリを使う

Point
● アプリがインストールされていない場合にブラウザで利用できる
● 作成した書類は自分のOneDriveに保存される

アプリがインストールされていない場合に、ブラウザでOfficeのWebアプリを使う方法があります。仕事の場合、商用利用権のあるMicrosoftアカウントが必要です。Officeアプリのすべての機能を利用できるわけではありませんが、基本的な作成、編集作業はできます。

1 ブラウザでOfficeにサインインする

[Safari] などのブラウザで
Officeのサイト (https://
www.office.com) にアクセスします。[サインイン]をタップし、この後の画面でサインインします。

2 アプリを選んで新規書類の作成を始める

ここでは例として[Word] を
タップし、[新しい空白の文書]
をタップして新規書類を作成
ます。

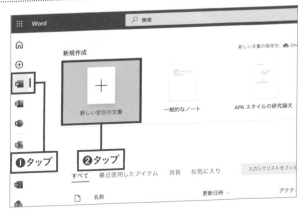

3 書類を作成する

[Word]の画面になるので、書類を作成します。[ドキュメント]と書かれたところをタップしてファイル名を変更できます。別のアプリを使うときは ▦ をタップします。

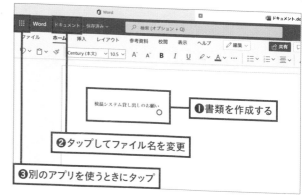

4 次に使うアプリをタップする

次に使いたいアプリをタップします。[Office →]をタップするとホーム画面へ移動します。

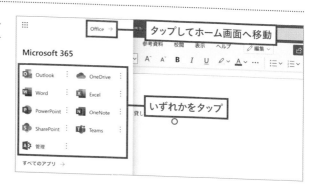

5 iPadに保存したファイルを開く

使いたいアプリのアイコンをタップし、[アップロード]をタップします。この後、iPadに保存したファイルを指定すると、ファイルがOneDriveにアップロードされた上で開きます。

16 書類のやりとりと 互換性について知る

Point
● [Pages]の書類を[Word]形式で書き出してほかの人に渡せる
● [Word]の書類はそのまま[Pages]で開ける

　iPadに標準で付属し無料で利用できる[Pages][Numbers][Keynote]と、ビジネスで広く利用されているMicrosoftの[Word][Excel][PowerPoint]の互換性はどのようになっているのでしょうか。

ワープロ、表計算、プレゼンテーションのファイルをやりとりする

　自分が[Pages]で作った書類を[Word]を使っている人に渡したいときはどうするか、ほかの人が[Word]で作った書類を受け取ったが自分は[Word]を使っていない場合はどうするかを紹介します。
　ここでは[Pages]と[Word]を例にとって解説しますが、[Numbers]と[Excel]、[Keynote]と[PowerPoint]でも同様です。

　また、メール添付で受け取った場合を解説しますが、クラウドストレージを経由したやりとりやApple製のデバイス間でのAirDropでも同様です(AirDropの操作はChapter1で解説しています)。

完全に再現されるわけではない

　ここで解説する方法で書類をやりとりして開くことはできますが、完全に再現されるわけではありません。作成元と共有先のデバイスにインストールされているフォントが異なることによるレイアウトのずれは、よくあります。また、作成元のアプリにしかない機能を使っている場合もレイアウトがくずれるなどの問題が発生します。

[Pages]の書類を[Word]形式にしてほかの人に渡す

1 書き出しを始める

[Pages]で書類が開いています。
す。○をタップし、[書き出し]
をタップします。

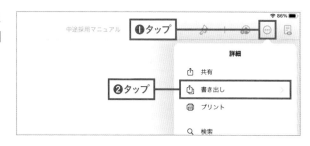

2 ファイル形式を選ぶ

右の図にあるファイル形式で
書き出すことができます。ここ
では[Word]をタップします。

3 共有する方法を選ぶ

共有の設定が開くので、メー
ルに添付して送る、[ファイル]
アプリに保存するなど、都合
の良い方法で共有したり保
存したりします。

受け取った[Word]の書類を扱う

1 添付ファイルをタップする

メールに添付されている
[Word]書類をタップします。

2 [Pages]で開いて編集する

クイックルックで内容を見る
ことができます。共有アイコン
をタップし、[Pages]をタッ
プすると、この書類が[Pages]
で開き、編集もできます。

> **HINT**
> **[Pages]以外の
> アプリで開く**
> 共有のメニューに[Word]書類を
> 開ける別のアプリが表示されてい
> れば、タップして利用できます。

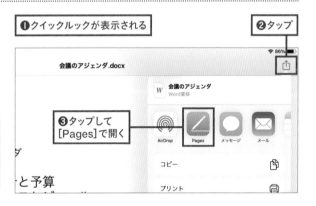

3 [Word]や[Office]で内容を見る

[Word]や[Office]でサイン
インしていなくても書類を開
くことはできます。あらかじめ
どちらかのアプリをインストー
ルします。クイックルックの右
上に[Wordで開く](または
[Officeで開く])と表示され
ていれば、タップして開きま
す。または共有アイコンから
どちらかのアプリで開きます。

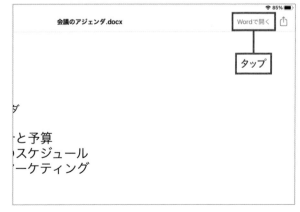

Chapter7

PDFや紙の書類を扱う

リモートワークや環境問題、仕事の効率化などを背景に、ペーパーレス化が推進されています。紙の書類に代わる手段として広く使われているのがPDFです。iPadでのPDFの活用を紹介します。とは言え、完全にペーパーレスで仕事をする環境に移行するのは難しいものです。iPadからのプリントや、紙の書類のスキャンについても取り上げます。

01 PDFを開く

Point
- クイックルックですぐに内容を閲覧できる
- メール添付やWebで入手したPDFをほかのアプリで開ける

メール添付で受信したPDFはクイックルックで、WebからダウンロードしたPDFは[Safari]で閲覧できます。用途によっては、PDFを[ファイル]アプリに保存して整理したり、別のアプリで開いたりすることもできます。

1 メール添付のPDFがプレビューで表示されている場合

PDFを添付したメールを受信しました。メッセージの本文内にプレビューが表示されている場合は、プレビューの部分を長く押すとメニューが表示されます。[クイックルック]をタップすると、**2**の下の図と同様にクイックルックが開きます。

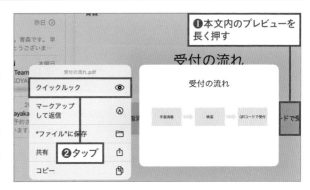

2 メール添付のPDFがアイコンで表示されている場合

メール添付のPDFがアイコンで表示されている場合は、タップします。するとクイックルックが開きます。

3 PDFを別のアプリで開いたり保存したりする

クイックルックで共有アイコンをタップすると、このPDFをほかのアプリにコピーして開くことができます。[ファイル]アプリに保存することもできます。

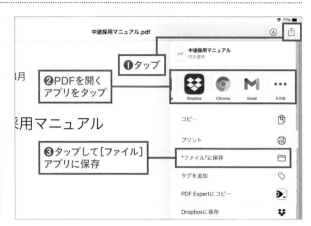

💡 HINT **PDFを保存するアプリを決める**

PDFを扱うことが多いなら、アプリを1つ決めて、そのアプリにどんどんPDFを保存していくと、行方不明になりません。アプリの例は次ページで紹介します。

4 Webで公開されているPDFを開く

[Safari] でPDFへのリンクをタップすると、[Safari] で表示されます。自分のiPadにとっておくなら、共有アイコンをタップし、ほかのアプリにコピーして開くか、[ファイル]アプリに保存します。

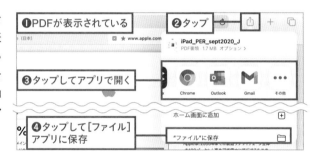

5 [ファイル]アプリに保存したPDFを開く

[ファイル]アプリでPDFのアイコンをタップすると、クイックルックが開きます。iPad内だけでなく、クラウドストレージに保存されているPDFも同様です。

💡 HINT **[ファイル]アプリからほかのアプリで開く**

タップした後に開くクイックルックの画面は 3 と同様です。右上の🔼をタップし、ほかのアプリにコピーして開くことができます。

02 PDFを開くアプリ

　PDFを開けるアプリはたくさんあります。ここで紹介するのは、ごく一部です。アプリによってそれぞれ特徴があるので、用途に合うアプリを使ってください。ここで紹介するアプリは、入手はいずれも無料で、アプリ内課金の支払いをしなくても基本的な機能は利用できます。

■ [ブック]アプリ

iPadに標準で入っているアプリです。Appleの電子書籍サービスを利用するためのアプリですが、自分でPDFを追加することもできます。電子書籍のような感覚で読むことができ、指先やペンでPDFに書き込む機能もあります。

■ [Adobe Acrobat Reader]アプリ

MacやWindowsパソコンでもおなじみの、利用者の多いアプリです。このアプリも指先やペンでPDFに書き込めます。

サインインが必要

HINT

このアプリを使うには、Apple、Facebook、Google、Adobeのいずれかのアカウントを使ってサインインする必要があります。

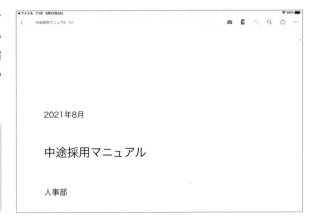

■ [PDF Expert]アプリ

PDFの閲覧や書き込みがスムーズにできることで人気のアプリです。PDFにステッカーを貼ったり、Dropboxなどのクラウドストレージに接続してファイルを表示するなど、豊富な機能があります。

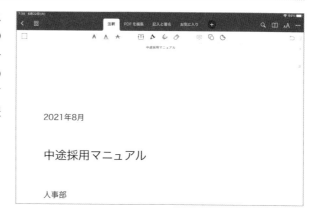

■ [SideBooks]アプリ

組織で契約すると書類の配布や共有ができるアプリですが、自分専用のPDFリーダーとして使うこともできます。書き込みをする機能もあります。このアプリに保存したPDFは、本棚をイメージした画面でわかりやすく整理されます。

[SideBooks]アプリの本棚画面

■ [MetaMoJi Note 2]アプリ

Apple Pencilなどのペンで快適に書き込めるアプリで、文書のレビューや校正、アイデア出しなどに適しています。ただしPDFが画像のような独自のフォーマットに変換されて開くため、PDF内のテキスト検索はできなくなります。

Point
- ハイライトやペンでの書き込みなどで注釈を入れる
- 注釈を入れたPDFをほかの人と共有できる

重要な箇所にハイライトを付けたり、ほかの人から送られてきたPDFにコメントを書き入れたりすることができます。このような機能を総称して、一般に「注釈」と呼びます。本書では[Adobe Acrobat Reader]アプリでの作業を紹介します。ほかのアプリでも機能の違いはあるものの、似た操作で注釈を付けられます。指先でも操作できますが、Apple Pencilなどのペンがあると便利です。

1 注釈を開始する

[Adobe Acrobat Reader]アプリでPDFを開きました。右下の◢をタップし、[注釈]をタップします。

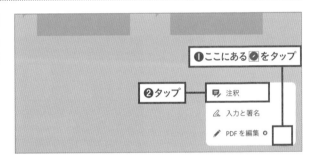

❶ここにある ◢ をタップ

❷タップ — 🗒 注釈

✍ 入力と署名

✏ PDF を編集 ⊕

2 自分の名前を保存する

初めてツールを使って注釈を書き込もうとしたタイミングなどでダイアログが開きます。ここに名前を入力して保存すると、注釈を入れたPDFをほかの人に渡す際に、誰からの注釈かがわかります。

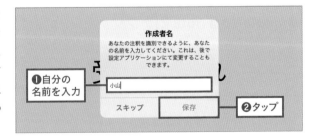

作成者名
あなたの注釈を識別できるように、あなたの名前を入力してください。これは、後で設定アプリケーションにて変更することもできます。

❶自分の名前を入力

小山

スキップ　　　保存 —— ❷タップ

TIPS　**文字の入力方法**

Apple Pencilを使っていると画面左下にスクリブル（Chapter3参照）のアイコンが表示され、文字を手書き入力できることがあります。スクリブルのアイコンをタップすると、通常のキーボードに切り替えることができます。

3 文字にハイライトを付ける

ハイライトツールをタップして
選択し、色をタップして選択し
ます。文字をなぞるようにドラッ
グするとハイライトが付きます。
終わったらもう一度ツールを
タップして選択を解除します。

**取り消し線や
下線を付ける**
HINT

ハイライトの右隣のツールは取り
消し線、その右は下線のツールで
す。使い方はハイライトと同じです。

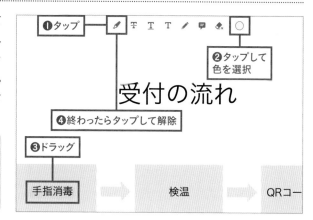

4 テキストを入力する

テキストツールをタップして
選択し、文字の色とサイズを
タップして選択します。入力
したい箇所をタップします。
文字を入力して[投稿]をタッ
プします。

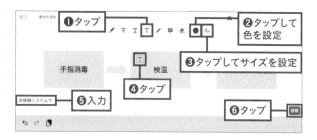

5 自由に書き込む

描画ツールをタップして選択
し、色と線の太さをタップして
選択します。これで自由に書
き込むことができます。書き
終わったらもう一度ツールを
タップして選択を解除します。

ペン軸をダブルタップ
TIPS

Apple Pencil（第2世代）を使って
いる場合は、ペン軸をダブルタッ
プすると現在のツールと消しゴム
ツールが交互に切り替わります。

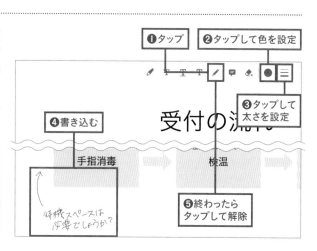

6 コメントを追加する

コメントツールをタップし、コメントを付けたい箇所をタップします。コメントを入力して[投稿]をタップします。

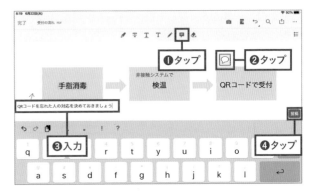

7 注釈を消す

消しゴムツールをタップして選択し、消したい注釈をタップします。

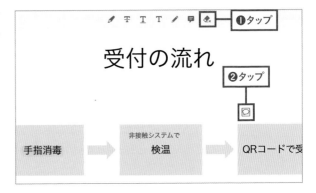

8 描画の注釈を編集する

描画した注釈をタップして選択します。ドラッグして移動できます。太さや色をタップして変更します。

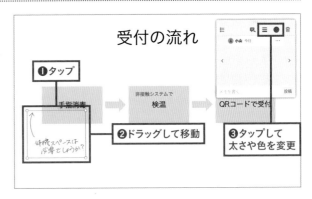

9 テキストの注釈を編集する

テキストやコメントの注釈を
タップして選択します。…を
タップして[ノート注釈を編集]
をタップします。テキストを編
集して[投稿]をタップします。
注釈を入れる作業が終わった
ら[完了]をタップします。

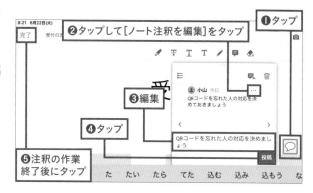

10 注釈を入れたPDFをほかの人に送る

…をタップし、[コピーを送信]
をタップすると、次に開く画面
からメール添付などで送信で
きます。

11 注釈を入れたPDFを開く

注釈を入れたPDFを受け
取ったら[Adobe Acrobat
Reader]アプリで開きます。
注釈をタップすると、内容や
注釈を入れた人の名前が表
示されます。返信アイコンを
タップし、コメントを入力して
[返信]をタップすると、返信
が保存されます。このPDFを
10の操作で送信して、お互い
に情報交換ができます。

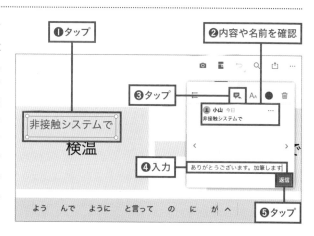

04 PDFを作成する

- ●共有や書き出しの機能でPDFにできるアプリがある
- ●マークアップやプリントの機能を使ってPDFにすることもできる

アプリやiPadOSの機能を使って、自分で作った書類などをPDFにする方法を紹介します。

[Pages]からPDFにする

1 書き出しを始める

[Pages]で書類を開き、⊙を
タップして[書き出し]をタッ
プします。次の画面で[PDF]
をタップします。

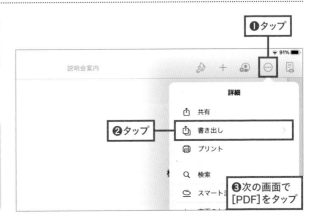

❶タップ

❷タップ

**❸次の画面で
[PDF]をタップ**

> **[Numbers]と
> [Keynote]でも同様**
> HINT
> [Numbers]と[Keynote]でも同
> 様の手順ですが、❷の前にレイア
> ウトのオプションを設定する画面
> が開きます。

2 共有方法を選択する

このPDFをメールなどで送信
する、[ファイル]アプリに保
存するなど、いずれかをタップ
して選択します。

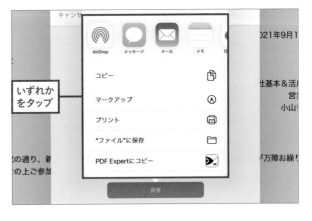

**いずれか
をタップ**

[Word]からPDFにする

1 共有を始める

ここでは[Word]を例にとっ
て解説しますが、[Excel]と
[PowerPoint]でも同様です。
書類を開き、共有アイコンを
タップして[コピーを送信]を
タップします。

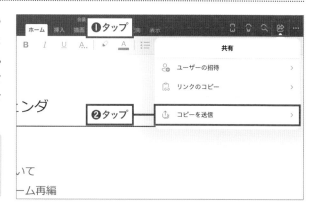

 TIPS
**[エクスポート]からも
PDFにできる**
▥ をタップし、[エクスポート]をタッ
プしてPDFにすることもできます。

2 書式を選択する

[書式]をタップします。次の
画面で[PDF]をタップします。

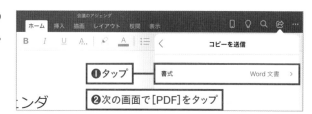

3 共有方法を選択する

2のメニューに戻ります。[別
のアプリで送信する]をタッ
プした場合、[Pages]の**2**と
同様のメニューが開くので送
信や保存の方法をタップして
選択します。

HINT
**共有や書き出しなどの
機能でPDFにする**
[Pages]や[Word]以外のアプリ
でも、共有や書き出し、プリントのメ
ニューからPDFとして共有したり保
存したりできることがあります。使っ
ているアプリで試してみてください。

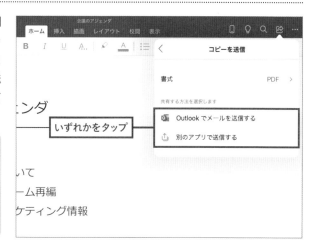

マークアップの機能から**PDFにする**

1 マークアップを始める

例として[メモ]アプリで解説します。◎をタップし、[コピーを送信]をタップします。次の画面で[マークアップ]をタップします。

2 PDFとして共有できる

マークアップはペンなどで書き込みをする機能ですが、この画面が開いた時点でPDFになっているので、書き込みをしなくても共有アイコンをタップしてPDFとして送信したり保存したりすることができます。

> 💡 **HINT**
> **[メモ]アプリだけではない**
> [メモ]以外のアプリでも、マークアップ機能から同様にPDFにできることがあります。

[ファイル]アプリで画像を**PDFにする**

1 画像を長く押してPDFにする

[ファイル]アプリで画像を長く押し、[PDFを作成]をタップします。すると、この画像と同じ保存場所にPDFが作成されます。

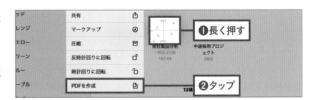

プリントのプレビューからPDFにする

1 [プリント]を選択する

例として[リマインダー]アプリ
で解説します。をタップし、
[プリント]をタップします。

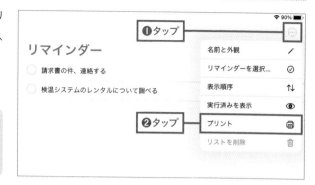

紙にプリントする

紙にプリントする方法は次ページ
以降で解説します。

2 プレビューを拡大する

プリントのプレビューを拡大
するようにピンチアウトします。

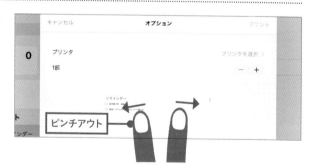

3 PDFとして共有する

これでPDFになります。共有
アイコンをタップして共有や
保存の方法を選択します。た
だしアプリによっては、この操
作をしてもPDFにならないこ
ともあります。

**PDFの高度な
編集をする**

Adobe AcrobatやPDF Expertな
ど、PDFを扱うアプリのサブスクリ
プションを利用すると、PDFの高
度な編集作業ができます。

05 プリンタでプリントする

Point
- iPadOSの標準機能である**AirPrint**でプリントできる
- **AirPrint**対応のプリンタを**iPad**と同じ**Wi-Fi**ネットワークに接続する

Apple製デバイスからWi-Fi経由でプリントする機能をAirPrintといいます。AirPrint対応のプリンタがあれば、プリントのメニューがあるアプリからプリントできます。本書では例として[Pages]で解説します。

1 プリンタをセットアップする

AirPrint対応のプリンタをマ
ニュアルなどに従ってセット
アップし、iPadとプリンタを
同じWi-Fiネットワークに接続
します。

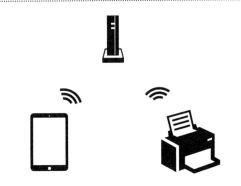

2 プリントを始める

[Pages]でプリントしたい書
類を開きます。◎をタップし、
[プリント]をタップします。

**HINT プリンタメーカーの
アプリもある**

ここで解説するのは、iPadOSの標
準機能であるAirPrintでプリント
する方法です。このほかに、自分が
持っているプリンタのメーカーが提
供している専用アプリをApp
Storeから入手し、独自の機能を
利用することもできます。

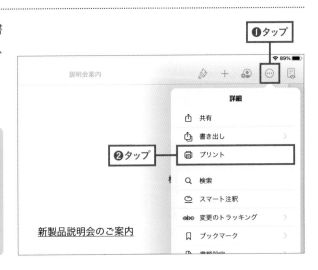

3 プリンタを選択する

初めてプリントするときにプリンタを選択します。[プリンタ]をタップすると同じWi-Fiネットワークに接続されているプリンタが表示されるので、タップして選択します。

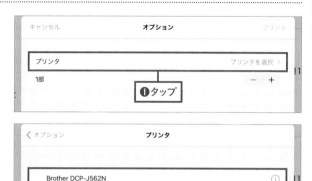

4 設定してプリントする

−や＋をタップして部数を設定します。[オプション]をタップしてから詳しい設定をします。[プリント]をタップします。これでプリントが始まります。

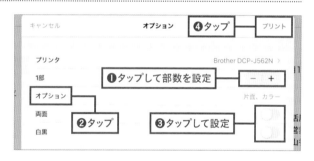

5 プリントセンターで確認や中止ができる

Appスイッチャーを表示し（Chapter1参照）、[プリントセンター]をタップして、プリントの状況を確認したりプリントを中止したりできます。

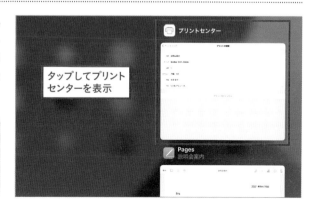

> 💡 **プリントセンターは**
> **HINT 表示しなくてもよい**
> 確認や中止をしないときは、プリントセンターを表示する必要はありません。

Point
- プリンタがないときにコンビニのマルチコピー機でプリントできる
- サーバにファイルを登録するタイプと店内でWi-Fi接続するタイプがある

　コンビニに設置されているマルチコピー機を使って、iPadから書類をプリントできます。在宅勤務をしていてプリンタが自宅にないときや、出先で急にプリントが必要になったときなどに便利です。本書ではセブン-イレブンのマルチコピー機を例にとって解説します。

　このアプリからのプリントは、会員登録は不要です。PDF、JPEG、PNG、[Word] [Excel] [PowerPoint] などのファイルをプリントできます。iPadから直接プリントするのではなく、iPadから書類をインターネット上のサーバにアップロードし、それを店内のマルチコピー機でプリントします。

このアプリに対応した形式のファイルをプリントする

1 アプリを開いてファイルの選択を始める

[かんたんnetprint - PDFも写真もコンビニですぐ印刷] アプリ（執筆時点で無料）をApp Storeからインストールして起動します。⊕をタップし、ここでは例として [文書ファイルを選ぶ] をタップします。

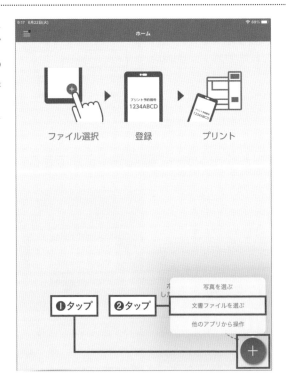

2 ファイルを選ぶ

[ファイル]アプリと同様の画面が表示されます。プリントする書類をタップして選択します。

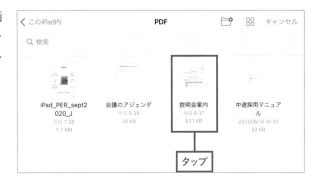

3 登録する

画面下部にある設定をしてから[登録]をタップします。この後、[アップロード完了]と表示されたら[閉じる]をタップします。

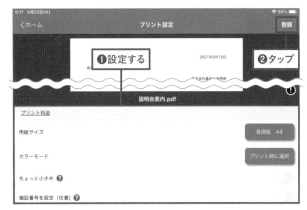

4 プリント予約番号を確認する

プリント予約番号が表示されます。この番号を控えてセブン-イレブンに行きます。マルチコピー機のメニュー画面で[プリント]→[ネットプリント]をタップし、この番号を入力します。マルチコピー機に表示される手順に従って料金を支払い、プリントします。

対応していないファイル形式のアプリからプリントする

1 [Pages]からPDFとして書き出す

このアプリは例えば[Pages]
の書類には対応していません
が、書類をPDFとして書き出せ
ばプリントできます。[Pages]
で書類を開いています。◎を
タップし、[書き出し]をタップ
します。次の画面で[PDF]を
タップします。

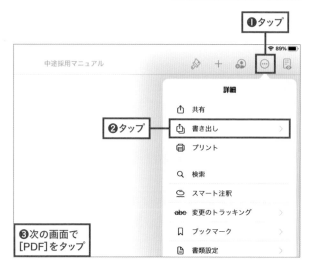

2 [かんたんnetprint]を選択する

書き出し先を選択する画面が
開きます。[かんたんnetprint]
のアイコンがあればタップし
ます。なければ右端の[その他]
をタップして次の画面でタッ
プします。この後、前ページ
3の画面になるので、設定し
て登録します。

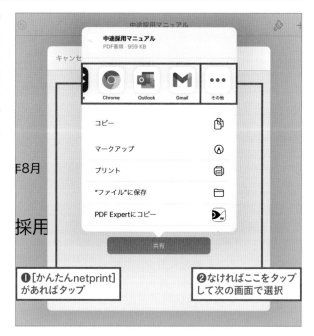

3 [メール]からプリントの操作をする

例えば[メール]アプリには
PDFに書き出す機能はありま
せん。この場合はプリントの
画面から登録できます。プリ
ントしたいメッセージを表示
します。 🔄 をタップし、[プリ
ント]をタップします。

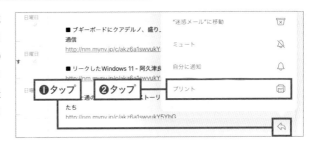

4 プレビューを拡大する

プリントのプレビューが表示
されたら、拡大するようにピン
チアウトします。

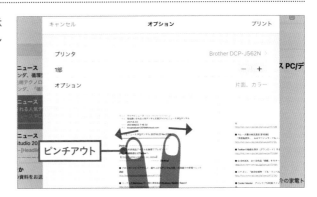

5 PDFを[かんたんnetprint]に共有する

PDFとして表示されるので、
共有アイコンをタップし、2と
同様に[かんたんnetprint]を
選択します。

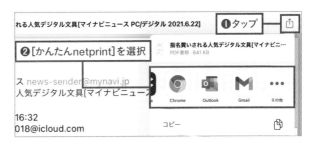

セブン-イレブン以外のコンビニのマルチコピー機

ファミリーマート、ローソン、ポプラグループのコンビニに設置されているシャープのマルチコピー機は、
[PrintSmash]アプリや[ネットワークプリント]アプリ(いずれも執筆時点で無料)で利用できます。前者は店内で
iPadとマルチコピー機をWi-Fiで接続してプリントします。後者はセブン-イレブンの[かんたんnetprint]と同様に
サーバにファイルを登録するタイプで、無料の会員登録が必要です。

07 紙の書類をスキャンする

　紙の書類をスキャンしてiPadに保存すると、紙を減らせる、紙が行方不明にならない、メールなどで共有できる、持ち歩けるなど、多くの利点があります。

　iPadの[カメラ]アプリで紙の書類を通常の写真として撮影してもいいのですが、書類をスキャンする機能があるアプリを使うと、撮影時のゆがみを補正したり撮影した書類をまとめて保存したりできるといったメリットがあります。

[ファイル]アプリでスキャンして保存する

1 スキャンを始める

[ファイル]アプリで何もないところを長く押し、メニューが表示されたら[書類をスキャン]をタップします。

2 撮影する

カメラの画面になるので書類に向けます。書類が認識されると自動で撮影されます。自動で撮影されなければシャッターボタンをタップして撮影します。書類が認識されれば、撮影後に **4** の画面になります。

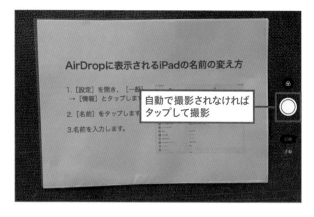

3 書類に合わせる

書類が認識されなければこの
画面になります。角や辺をド
ラッグして書類に合わせます。
[スキャンを保持]をタップし
ます。

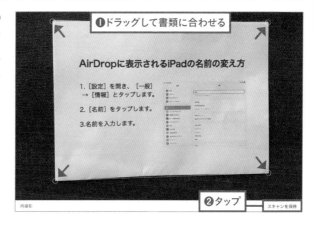

4 続けて撮影するか、保存する

ほかに書類があれば続けて撮
影できます。撮影を終了する
ときは[保存]をタップします。

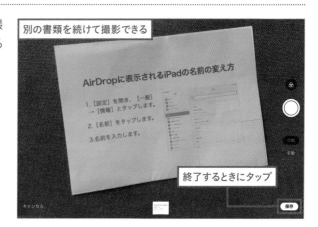

5 [ファイル]アプリに保存される

[ファイル]アプリに保存され
ます。

そのほかのアプリでスキャンする

1 [メモ]アプリでスキャンを始める

[メモ]アプリで、スキャンした
書類を保存したいページを開
きます。◎をタップし、[スキャ
ン]をタップします。この後、
前述の2〜4の操作で撮影
し、保存します。

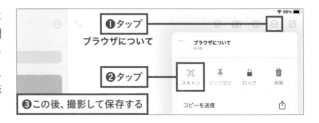

2 メモのページに保存される

このように保存されます。[メ
モ]アプリではメモを入力して
一緒に保存できる利点があり
ます。写真を長く押すと、ほ
かのアプリなどに共有するな
どの機能を利用できます。

3 [メール]アプリでスキャンして送信する

スキャンしてメールで送信す
るなら、[メール]アプリでス
キャンすると便利です。メッ
セージを作成する画面でカー
ソルのある位置をタップし、
[書類をスキャン]をタップしま
す。この後は前述の手順でス
キャンして保存し、送信します。

複合機や専用機でスキャンする

AirPrint対応の比較的安価なプリンタで、スキャナやコピー機としても使える複合機が販売されています。また、iPadで使えるスキャン専用機もあります。スキャンする機会が多いなら、部署に1台用意したり個人で購入を検討するといいかもしれません。

08 紙の書類から文字を読み取る

Point
- 撮影した書類から文字を読み取ってテキストデータにすることができる
- できるだけまっすぐ撮影すると読み取り精度が上がる

　前ページまでで解説した書類のスキャンは書類をiPadのカメラで撮影して画像として保存する機能でしたが、カメラで撮影した書類の文字を読み取ってテキストデータにするアプリもあります。画像から文字を読み取ってテキストにする機能は、一般にOCRと呼ばれています。

[Microsoft Lens]アプリを使う

1 撮影する

[Microsoft Lens]（執筆時点で無料）をインストールし、起動します。[処理]をタップして選択します。 をタップし、これから撮影する書類に応じて[テキスト]か[テーブル]のどちらかをタップします。この後、シャッターボタンをタップして撮影します。

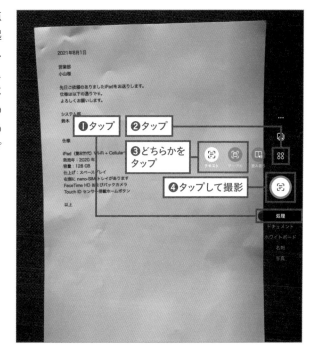

スキャン機能もある

シャッターの下にある[ドキュメント][ホワイトボード][名刺]のいずれかを選択すると、前ページまでで解説したのと同様に撮影した書類などのゆがみを調整した上で画像やPDFとして保存できます。

2 書類に合わせる

角や辺をドラッグして書類に
合わせます。[確認]をタップ
します。

3 テキストが抽出される

テキストが抽出されます。[コ
ピー]をタップしてから別のア
プリにペーストしたり、[共有
する]をタップして保存や共
有をしたりします。✕をタッ
プし、[はい]をタップしてこ
の画面を閉じます。

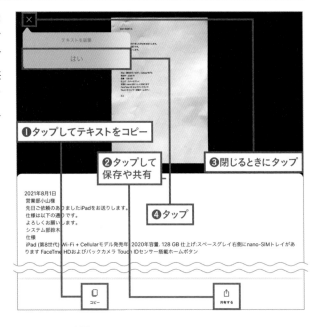

[一太郎Pad]アプリを使う

1 撮影を始める

[一太郎Pad]はiPadに標準で付属している[メモ]アプリと同様にページを作成してメモを入力するアプリですが、OCR機能も搭載しています。[一太郎Pad](執筆時点で無料)をインストールして起動します。⊙をタップし、[カメラ]をタップします。

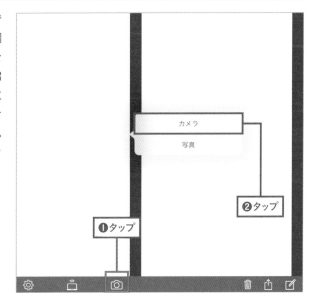

2 撮影する

シャッターボタンをタップして書類を撮影します。

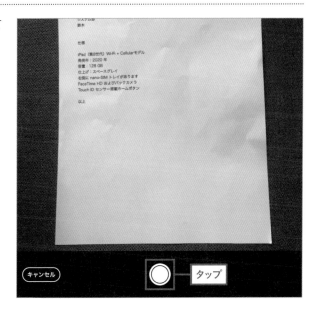

3 書類に合わせる

角や辺をドラッグして書類に
合わせます。その後、[完了]
をタップします。

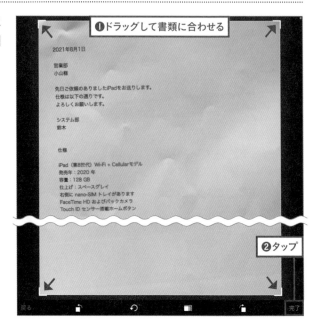

4 読み取られたテキストがメモになる

読み取られたテキストがこの
アプリのメモになります。必
要な範囲を選択してコピーし
たり、共有アイコンをタップし
て共有したりすることができま
す。 をタップすると撮影し
た画像が表示されるので、誤
認識されている箇所などを画
像で確認できます。

OCR機能のある アプリ

TIPS

OCR機能を備えたアプリはほかに
もあります。例えば[Adobe Scan]
は撮影した書類をPDFにして、読
み取ったテキストをそのPDFに埋
め込みます。

Chapter8

ほかの人と連携する

2020年以降のコロナ禍により、リモートワークが広まり対面での会議や商談も減って、離れていてもスムーズに情報交換や意思疎通をする方法が求められるようになりました。この章では、ビデオ会議や複数の人が参加するメッセージのやりとり、書類の共同制作、自由に書き込めるホワイトボードの共有について紹介します。

01 招待されたZoomのミーティングに参加する

Point
- 招待された参加者はZoomのアカウントは不要
- 自分がしばらく話さないときはマイクをミュートにするとよい

　Zoomはビデオ会議の代名詞のような存在になっています。招待された参加者はアカウントを作成する必要がないという手軽さもあって、広く使われるようになりました。招待する側のホスト(主催者)はアカウントが必要です。本書制作時点では無料のプランと3種類の有料プランがあり、プランによって利用できる機能に違いがあります。本書では無料プランのアカウントから招待した状態で解説します。

1 Zoomのアプリをインストールする

App Storeから[Zoom Cloud Meetings]アプリ(執筆時無料)をインストールします。招待された会議に参加する場合、Zoomのアカウントは不要です。

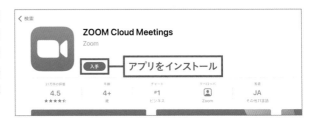

2 通知されたURLから参加する

Zoomミーティングへの招待は多くの場合、ホストからURLがメールなどで送られてきます。ミーティングの時間になったらURLをタップします。これでZoomのアプリが起動します。

 TIPS ミーティングIDとパスコードで参加する

URLではなくミーティングIDとパスコードを受け取った場合は、ホーム画面からZoomのアプリを起動します。[ミーティングに参加]をタップし、次の画面でミーティングIDとパスコードを入力して参加します。

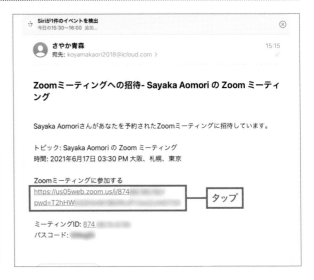

3 名前を入力して参加する

ミーティングで表示される自分の名前を入力して[続行]をタップします。カメラやマイクの利用についてのダイアログが開いたら、用途に応じて許可します。本書では両方許可した状態で進めます。

❶入力 小山香織
❷タップ

ビデオの設定をする
HINT

Zoomのアプリを初めて起動して参加するときなどにカメラの確認をする画面が表示されるので、[ビデオなしで参加]か[ビデオ付きで参加]のどちらかをタップします。またバーチャル背景を設定できます。バーチャル背景の設定方法は次ページで解説します。

4 ミーティングをする

相手と自分が表示されるので話をします。画面をタップするとメニューが表示されます。マイクやビデオをオフにしたいときは[ミュート]や[ビデオの停止]をタップします。もう一度タップするとオンになります。ミーティングを抜けるときには[退出]をタップし、確認のボタンが表示されたら[会議を退出]をタップします。

❶タップしてメニューを表示
❷タップしてマイクやカメラをオフ

❸退出するときにタップ

無料プランで実施できるミーティング
TIPS

無料プランでは、ホストと参加者の2人の場合は時間無制限、ホストと参加者の合計で3人〜100人の場合は最長40分のミーティングをすることができます。

自分のマイクをミュートする
HINT

ほかの人が発表をしているなど、聞いているだけの間はマイクをミュートするとよいでしょう。生活音などがミーティングに流れない、自分からの音によって話している人の声が途切れることがないなどの利点があります。

ミーティングを開始
外出時にビデオ会議を開始または ビデオ会議に参加

名前を入力してください

キャンセル   続行

Zoom

02 | Zoomでバーチャル背景を使う

Point
●初めてZoomミーティングに参加するときなどにバーチャル背景を設定できる
●ミーティング参加後に設定することもできる

　背景をぼかして部屋の様子がはっきりと見えないようにしたり、画像を背景にしたりすることができます。自分の部屋を見せないようにしてプライバシーを守るほか、自分の氏名などを相手に伝えるツールにもなります。

1 バーチャル背景の設定を始める

Zoomミーティングに初めて参加するときなどにビデオプレビューの画面が開きます。📷をタップします。

2 画像を追加する

[背景]をタップします。背景を画像にしたいときは➕をタップします。

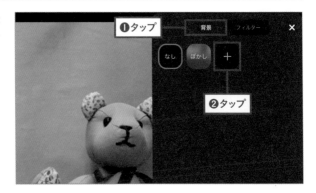

3 画像を選ぶ

[写真]アプリの項目が表示さ
れます。背景にしたい画像を
タップして選択したら、[完了]
をタップします。

4 背景を設定する

[ぼかし]、または使う背景をタップして選択し、⊠をタップします。この後、①の画面に戻っ
たら[ビデオ付きで参加]をタップします。

 背景に自分の氏名などを表示する

背景は美しい風景や社屋の写真などにするほか、社名やロゴ、自分の部署名、氏名などを記載した画像を使うのも
有効です。自社WebサイトのURLなどを二次元バーコードにして背景画像に入れておくこともできます。Webを
検索すると、文字情報を無料で二次元バーコードにするサービスを提供しているサイトが見つかります。

5 後から設定する

ビデオプレビューで設定しな
かった場合は、[詳細]をタッ
プし、[背景とフィルター]を
タップします。②と同様の画
面になるので、設定します。

03 | # Zoomで画面を共有する

Point
- ●iPadの画面、写真、ファイルなどさまざまなものを相手に見せられる
- ●参加者全員が書き込めるホワイトボードもある

さまざまな画面を相手に見せながら音声で話すことができます。資料の説明や顧客への
プレゼン、ホワイトボード機能を使った話し合いなど、いろいろな用途に利用できます。

iPadの画面をそのまま見せる

[共有]をタップします。画面
をそのまま見せたいときは[画
面]をタップします。

**HINT プライバシーなどに
注意**

iPadの画面がそのまま相手に見え
る機能です。前もって余計なアプ
リは閉じておく、プレゼンのスライ
ドの1ページめを表示しておくなど、
気をつけて利用してください。また、
おやすみモードを有効にすると、通
知が出なくなります。

共有を開始する

[ブロードキャストを開始]を
タップします。3秒のカウント
ダウンの後、自分のiPadの画
面が相手に共有されます。共
有中もそのまま会話できます。

HINT 共有を終了する

画面共有中は画面の右上に赤い
アイコンが表示されます。これを
タップし、メッセージが表示された
ら[停止]をタップします。Zoom
のアプリに戻ると通常の画面に
なっています。

3 写真を共有する

1のメニューで[写真]をタップすると、[写真]アプリの項目が表示されます。写真のチェックマークをタップして選択し、[完了]をタップします。これで写真が共有され、左右にスワイプして前後の写真を表示できます。終了するときは右上の[共有の停止]をタップします。

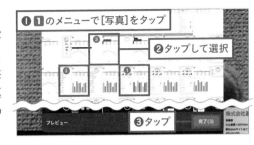

4 ファイルを開いて見せる

1のメニューで[iCloud Drive]をタップすると[ファイル]アプリと似た画面が開きます。見せたいファイルをタップすると、共有されます。

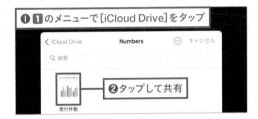

5 ホワイトボードに全員で書き込む

1のメニューを下へスクロールして[ホワイトボード]をタップすると、参加者全員が書き込めます。書き込んだ後に［…］をタップし、["写真"に保存]をタップして[写真]アプリに保存します。終了するときは、上部の▼をタップし、右上に表示される[共有の停止]をタップします。

 プレゼンテーションの
TIPS アニメーション

1〜**2**のように画面を共有してプレゼンを見せる場合、アニメーションが過剰に付いていると相手の画面では滑らかに動かないことがあります。

 ホストの許可が必要
TIPS

参加者が画面を共有するには、ホストの許可が必要です。ホストは[詳細]の[セキュリティ]をタップして参加者に対して共有を許可します。

04 招待されたGoogle Meetの会議に参加する

- 主催者も参加者もGoogleアカウントがあれば無料で利用できる
- ビデオ会議中にテキストメッセージをやりとりできる

　主催者もゲスト（参加者）もGoogleアカウントが必要ですが、無料で最大100人、最長60分間の会議を実施できます。

　個人で取得できるGoogleアカウントか、企業で契約しているアカウントかによって動作が一部異なります。本書では個人で取得できるアカウントを使って解説しています。

1 会議のURLをタップする

[Google Meet]アプリ（執筆時点で無料）をApp Storeからインストールします。事前にアプリを起動して、Googleアカウントでサインインしておくとスムーズに参加できます。主催者からメールなどで送られてきた会議のURLをタップします。

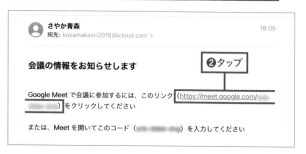

❶[Google Meet]アプリをインストールしサインインしておく

❷タップ

2 参加する

[Google Meet] アプリが開きます。カメラやマイクをオフにする場合は、それぞれのアイコンをタップします。[参加]をタップします。

[Gmail]アプリが開く

iPadに[Gmail]アプリがインストールされている場合、URLをタップすると[Gmail]アプリが開きますが、利用方法はどちらのアプリでも同じです。

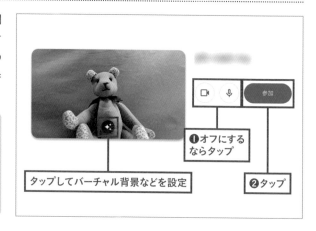

タップしてバーチャル背景などを設定

❶オフにするならタップ

❷タップ

3 ビデオ会議をする

会議をしているところです。画面を
タップするとボタンなどが表示されま
す。カメラやマイクをオフにできます。
会議から退出するときは をタップ
します。さまざまな機能のメニューを
表示するには ● をタップします。

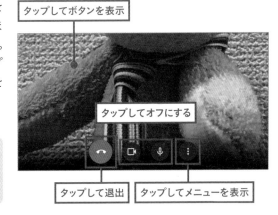

タップしてボタンを表示

タップしてオフにする

タップして退出　タップしてメニューを表示

> **HINT 退出しても入り直せる**
> ほかの人がまだ会議をしている間は、URLを
> タップして入り直すことができます。

4 画面共有やメッセージ送信を始める

● をタップしてメニューを表示し、[画
面を共有]をタップすると、Zoomの
画面共有と同様に、自分のiPadの画
面をほかの人に見せることができま
す。テキストでメッセージを送りたい
場合は[通話中のメッセージ]をタッ
プします。

❶タップして画面を共有

❷テキストメッセージを送るときにタップ

5 テキストメッセージを送信する

メッセージを入力して ▷ をタップす
ると送信されます。音声が止まってし
まったときに連絡したり、話に出てきた
URLを共有するときなどに便利です。

❶入力

❷タップして送信

> **TIPS Googleカレンダーと連携できる**
> 主催者が[Googleカレンダー]アプリでビデオ会議の予定を作成してゲストを追加すると、日時とURLなどが書か
> れたメールがゲストに自動で送信されます。また[Google Meet]アプリを開くと[Googleカレンダー]で作成した
> ビデオ会議の予定が表示されるので、タップしてすぐに参加できます。

05 | Slackでメッセージを やりとりする

> Point
> ●チャンネル内で参加者とメッセージをやりとりする
> ●特定の人とダイレクトメッセージをやりとりする機能もある

　ビデオ会議は日時を合わせて同時に参加する必要があるのに対し、Slackや後述するTeamsのチャット機能は必ずしもリアルタイムでメッセージをやりとりしなくても、各自が都合の良いときに読み、書き込むことができます。トピックや参加者に応じてチャンネルを分けられるのでコミュニケーションをとりやすい、後から検索できるなどの利点もあります。

　Slackには、本書執筆時点でフリー（無料）プランと3種類の有料プランがあります。本書では、フリープランを利用している人から招待された場合の使い方を紹介します。招待された場合もSlackへのサインインが必要です。

1 招待がメールで届く

Slackはブラウザでも利用できますが、本書ではApp Storeから[Slack]アプリ（執筆時点で無料）をあらかじめインストールした状態で説明します。招待がメールで届いたら[今すぐ参加]をタップします。

2 Slackにサインインする

[Slack]アプリが開きます。参加するにはサインインする必要があります。[氏名]と[パスワードを選択]を入力して[次へ]をタップし、Slackのアカウントを作成します。または[Googleで続ける]か[Appleで続ける]をタップして、GoogleアカウントかApple IDでSlackにサインインします。

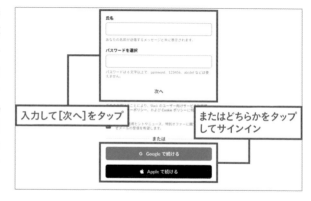

3 チャンネルでメッセージをやりとりする

招待されたワークスペースに入りました。自分が参加しているチャンネルが左側に表示されています。チャンネルをタップします。これまでのメッセージを読んだり、メッセージを入力して投稿したりします。

 ワークスペースとチャンネル

ある人が管理している（仮想的な）空間全体をワークスペースといい、その中にチャンネルが作られています。例えば会社のワークスペースがあり、その中に部署やプロジェクトのチャンネルがあるといった使い方が一般的です。チャンネルごとに参加者が設定されているので、自分に関係ないメッセージで埋め尽くされてしまうことはありません。上の図では3つのチャンネルが表示されていますが、このワークスペースにはほかにもチャンネルがあるかもしれません。しかし自分が参加していないチャンネルは表示されません。

4 ダイレクトメッセージをやりとりする

複数の人が参加しているチャンネルで話すのが適切でない話題があれば、ダイレクトメッセージをやりとりできます。相手をタップし、メッセージを入力して送信します。

 Slackで通話をする

この画面の右上にある🖥をタップして、この相手とビデオ通話ができます。ビデオのオン／オフは切り替えられます。

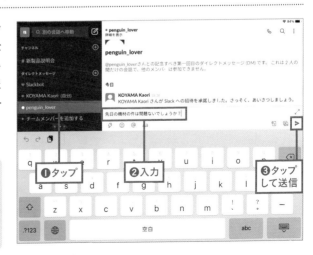

06 # Teamsでコミュニケーションをとる

Point ●チーム内のチャネルでコミュニケーションをとる
●ファイル共有やビデオ会議の機能もある

　Microsoft Teamsには家庭用、ビジネス用の無料版、数種類のビジネス用や教育機関用の有料版があり、利用できる機能に違いがあります。本書ではビジネス用の無料版の所有者から招待された場合を解説します。参加するにはMicrosoftアカウントが必要です。

　Teamsでコミュニケーションをとる場は、組織、チーム、チャネルで構成されています。使い方は所有者の自由ですが、イメージとしては「組織」が企業、組織に含まれる「チーム」が部署、チームに含まれる「チャネル」が担当業務やプロジェクトです。

1 組織に参加する

[Microsoft Teams]アプリ（執筆時点で無料）をApp Storeからインストールします。Microsoftアカウントのメールアドレスで受け取った招待メールの[チームに参加する]をタップします。この後、画面の指示に従ってMicrosoftアカウントでサインインします。

2 チームとチャネルを利用する

[チーム]をタップします。参加した組織内で、自分がメンバーとして追加されているチームとチャネルが表示されます。この図のように[Xつの非表示チャネル]があればタップします。

 HINT **チームやチャネルに参加する**
チームやチャネルの所有者によって自分が追加されると、自動で左側に表示されます。

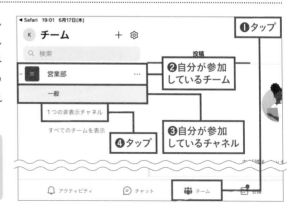

3 一覧に表示するチャネルを選ぶ

今後、一覧に表示したいチャ
ネルをタップしてチェックを
付けます。⟨をタップします。

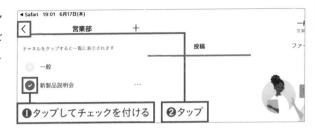

4 投稿をやりとりする

2 の画面に戻り、チェックを
付けたチャネルが一覧に表示
されるようになりました。チャ
ネルをタップすると、投稿が
表示されます。個別の投稿に
返信するときは[返信]をタッ
プします。[新しい投稿]をタッ
プすると、新しいトピックを投
稿できます。

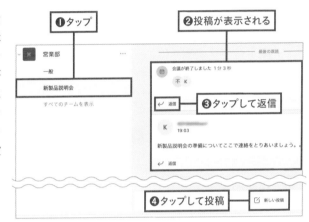

5 ビデオ会議やファイル共有をする

Teamsにはビデオ会議の機
能もあり、チャネルの右上にあ
るビデオカメラのアイコンを
タップすると、このチャネルの
メンバーとのビデオ会議をす
ぐに開始できます。[ファイル]
をタップすると、このチャネル
でほかのメンバーがアップ
ロードしたファイルを見たり、
自分のファイルをアップロード
したりすることができます。

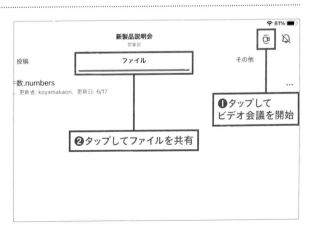

07 書類を共有して共同制作をする

Point
- 1つの書類にみんなで書き込んでいく機能
- 参加する全員がiCloudにサインインする必要がある

書類をほかの人と共有して、共同で仕上げたり内容を確認しあったりすることができます。ここでは[Pages]で解説しますが、[Numbers]や[Keynote]でも同様です。

1 自分の書類で共同制作を開始する

[Pages]の書類を自分のiCloud Driveに保存し、開きます。🔲をタップし、相手に参加を依頼する方法をタップして選択します。この後、選択した方法に従って依頼します。

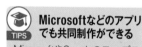

TIPS
Microsoftなどのアプリでも共同制作ができる
MicrosoftやGoogleのワープロ、表計算、プレゼンテーションアプリにも共同制作の機能があります。

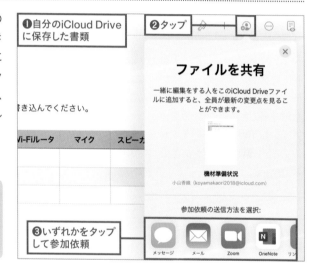

❶自分のiCloud Driveに保存した書類

❷タップ

ファイルを共有

一緒に編集をする人をこのiCloud Driveファイルに追加すると、全員が最新の変更点を見ることができます。

機材準備状況
小山香織 (koyamakaori2018@icloud.com)

参加依頼の送信方法を選択:

❸いずれかをタップして参加依頼

メッセージ　メール　Zoom　OneNote　リン

2 ほかの人から依頼された書類に参加する

参加する側もiCloudにサインインし、iCloud Driveを有効にします。ここではメールで参加依頼を受け取ったとします。書類のアイコンをタップすると、この書類が自分のiCloud Driveに保存された上で開くので、通常の書類と同様に作業をします。

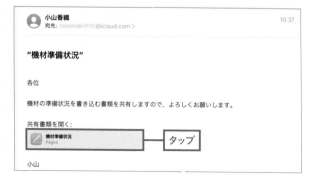

小山香織
宛先: ●●●●●●●@icloud.com 〉
10:37

"機材準備状況"

各位

機材の準備状況を書き込む書類を共有しますので、よろしくお願いします。

共有書類を開く:

機材準備状況
Pages
→ タップ

小山

3 参加者を管理する

アイコンの横に、自分以外に
この書類を開いている人数が
表示されます。共有を開始し
た人がアイコンをタップする
と、共有する人を追加したり、
共有を停止したりすることが
できます。参加者の名前を
タップすると、次の画面でア
クセス権を削除できます。

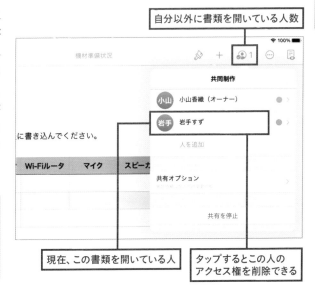

自分以外に書類を開いている人数

共同制作

小山 小山香織（オーナー）

岩手 岩手すず

人を追加

共有オプション

共有を停止

現在、この書類を開いている人

タップするとこの人の
アクセス権を削除できる

**HINT 共有を停止するとほか
の人は開けなくなる**

共有を停止すると、参加者のiCloud
Driveに保存された書類は削除さ
れ、自分のiCloud Driveだけに保
存されている状態になります。

4 共同制作をする

参加者が同時に編集できま
す。別の人が作業をしている
箇所には、作業者の名前が表
示されます。

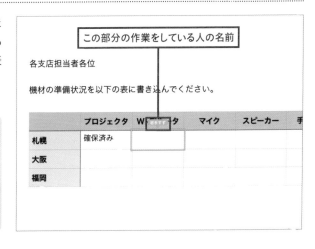

この部分の作業をしている人の名前

各支店担当者各位

機材の準備状況を以下の表に書き込んでください。

	プロジェクタ	W...タ	マイク	スピーカー	手
札幌	確保済み				
大阪					
福岡					

**HINT 途中で書類を閉じても
かまわない**

共同制作を開始した人も含め、誰
かがこの書類を閉じてもほかの人
は引き続き作業ができます。閉じ
た人が次にこの書類を開いたとき
には、ほかの人が作業をした後の
最新の状態で開きます。

TIPS iPad以外のユーザーも参加できる

iPhoneやMacの[Pages]でも参加できます。Windows版の[Pages]アプリはありませんがブラウザで参加でき
ます。ブラウザでiCloud.comにサインインし、共同制作のリンクをクリックすると、Web版の[Pages]で書類が
開き、編集できます。

08 | ホワイトボードを共有して書き込む

Point
- ●ホワイトボードを共有し、各自が都合の良いときに書き込める
- ●[Jamboard]は参加者各自のGoogleアカウントが必要

Zoomのホワイトボード機能は前述しましたが、これはZoomのミーティングに参加している人がその場で利用できるものです。これに対し、ここで紹介するGoogleの[Jamboard]は、ホワイトボードを共有し、参加者がそれぞれ自分の都合の良いタイミングで見たり書き込んだりすることができます。参加するにはGoogleアカウントが必要です。

特定のGoogleアカウントに対して共有する

1 共有を開始する

[Jamboard]アプリ(執筆時無料)をインストールして起動し、Googleアカウントでサインインします。ホワイトボードを作成し、⋮をタップして[共有]をタップします。この後、招待する相手のGoogleアカウントを入力してメールを送信します。

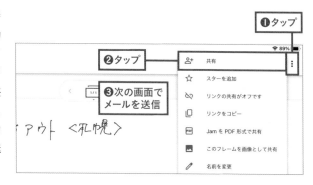

2 参加する

参加する人も[Jamboard]アプリでGoogleアカウントを使ってサインインしておくとスムーズです。メールを受信し、ファイルのアイコン、または[開く]をタップします。

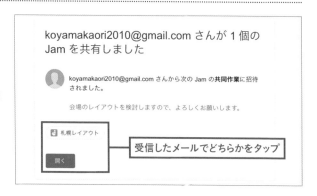

3 お互いに書き込む

参加者の[Jamboard]アプリでも共有されたホワイトボードが開き、書き込めます。ほかの人が書き込んでいる様子も表示されます。

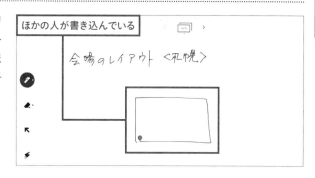

リンクで共有する

相手が[Jamboard]アプリで利用するGoogleアカウントがわからない場合などに、リンクを共有することもできます。ただしこの場合、リンクを知っていれば誰でもアクセスできるので、リンクの管理に注意が必要です。

1 共有を開始する

ホワイトボードを作成し、[:]をタップして[共有]をタップします。

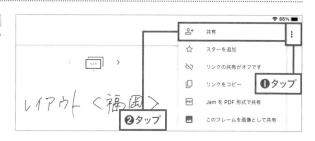

2 リンクの設定を始める

 をタップします。

> 💡 **ホワイトボードは「Jam」と呼ばれる**
> HINT
> このアプリでは一つひとつのホワイトボードのことを「Jam」と呼んでいます。

3 編集者の権限にする

[変更]をタップします。この
リンクを知っている人が編集
できるようにするために[編集
者]をタップして選択します。

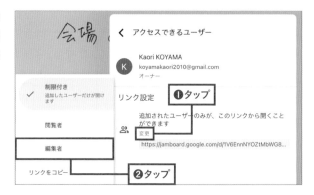

4 リンクをコピーして相手に知らせる

もう一度[変更]をタップし、[リ
ンクをコピー]をタップします。
コピーしたリンクをメールなど
で共有する相手に知らせます。

5 リンクから参加する

参加者は[Jamboard]アプリ
でGoogleアカウントを使って
サインインしておきます。共
有されたリンクをタップして
参加します。

**ホワイトボードアプリ
はほかにもある**

ほかの人と共有できるホワイト
ボードアプリはほかにもあり、
[Jamboard]は一例です。

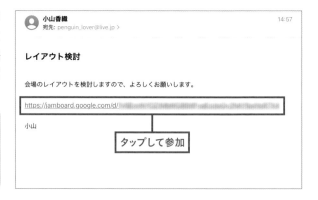

Chapter9

セキュリティに
気をつけよう

どんなデバイスでも、セキュリティやプライバシーへの配慮は自分の
安全や財産を守る上で欠かせません。そして仕事で使うデバイス
であれば、業務上の秘密などが流出してしまうことがないように注
意が必要です。iPadは持ち運んで使えるデバイスなので、外出先
でのトラブルにも対策をしておきましょう。

01 パスコードで保護する

Point
- 6桁の数字以外のパスコードも設定できる
- パスコードを10回間違えたらiPadを消去する設定がある

どこかに置き忘れたときや目を離した隙などにiPadを勝手に使われてしまうことを防ぐのは、セキュリティを守る上での基本です。

パスコードを設定する

1 パスコードの設定を開く

[設定]を開き、[Touch ID（またはFace ID）とパスコード]をタップします。パスコードがすでに設定してあれば入力します。

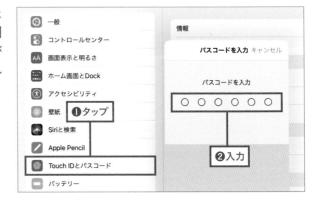

2 パスコードを設定する

パスコードを設定していなければ、[パスコードをオンにする]をタップして設定します。

3 強力なパスコードにする

パスコードは初期設定では6桁の数字で
すが、さらに強力なパスコードにできます。
パスコードを設定または変更する画面で
［パスコードオプション］をタップします。
［カスタムの英数字コード］をタップする
と英数字のパスコード、［カスタムの数字
コード］をタップすると任意の桁数の数
字のパスコードを設定できます。

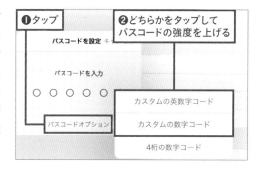

4 パスコードが要求されるまでの時間を設定する

パスコードを設定してあり、Face ID（顔
認証）やTouch ID（指紋認証）を設定し
ていない場合、［パスコードを要求］をタッ
プして、iPadがロックされてからパスコー
ドが要求されるまでの時間を設定できま
す。短いほうが安全です。

TIPS　Face IDやTouch IDの利点

Face IDやTouch IDは、パスコードを入力する手
間を省くだけでなく、パスコードを入力するときに
ほかの人に見られてしまうことも防ぎます。できる
だけ設定したほうが良いでしょう。

パスコードを破って使われないようにする

1 パスコードを10回間違えたらiPadを消去する

iPadを置き忘れたときなどに、誰かがパ
スコードを推測して試すとロックを解除
できてしまうかもしれません。［設定］の
［Touch ID（またはFace ID）とパスコード］
で［データを消去］のスイッチをオンにす
ると、パスコードを10回間違えたときに
iPadのデータがすべて消去されます。

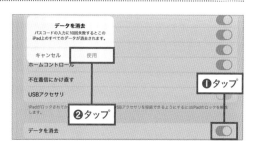

パスコードで保護していても利用できる機能や見えてしまう情報があります。目を離した隙に勝手に操作されたり、ふとしたはずみで情報を見られてしまったりすることを防ぎましょう。

ロック画面で利用できる機能を設定する

■ ロック中にアクセスを許可する項目を設定する

[設定]の[Touch ID(または Face ID)とパスコード]にある[ロック中にアクセスを許可]の項目は、オンにするとロックを解除しなくても利用できます。

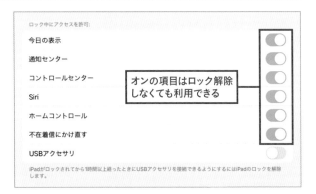

■ [今日の表示]でカレンダーの予定などが見えてしまう

[今日の表示]をオンにしていると、ロック画面で左から右へスワイプして[今日の表示]を表示できます。そのため、カレンダーの予定や写真などを見られてしまう恐れがあります。

■ 通知センターから情報が漏洩する恐れがある

[通知センター]をオンにして
いる場合、ロック画面で上へ
スワイプすると通知センター
が表示され、通知を見られて
しまう恐れがあります。オフに
するか、後述する通知のプレ
ビューの設定と組み合わせて、
情報の漏洩を防ぎましょう。

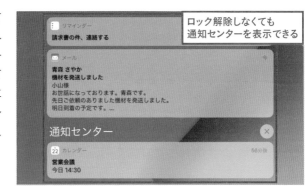

■ コントロールセンターで設定の変更などができる

[コントロールセンター]をオン
にしていると、ロック画面で右
上から下へスワイプしてコント
ロールセンターを表示し、設定
を勝手に変更されたり操作さ
れてしまったりする恐れがあり
ます。

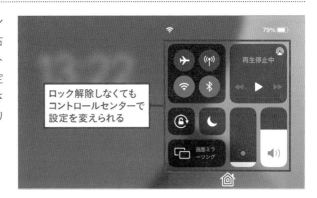

■ Siriで予定などを作成できる

[Siri]をオンにしている場合、
例えば「今日の予定は?」と話
しかけてもロックを解除する
ようにという答えが返ってきま
す。しかし「明日の11時に会
議」と話しかけてカレンダーの
予定を作成するなど、勝手に
操作されてしまう恐れはあり
ます。

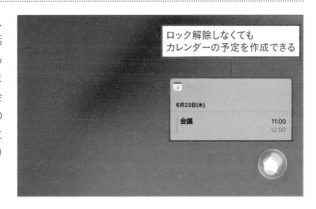

通知のプレビューを設定する

アプリから通知があったことだけを知らせるか、通知のプレビューも表示するかを設定できます。[メール]アプリの通知の設定を例にとって解説します。

1 メールの通知の設定を開く

[設定]を開き、[通知]をタップして[メール]をタップします。次の画面で設定するアカウントをタップします。

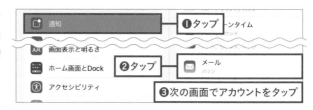

2 プレビューの設定を開く

[ロック画面]や[通知センター]にチェックを付けると、それぞれに通知が表示されます。[プレビューを表示]をタップします。

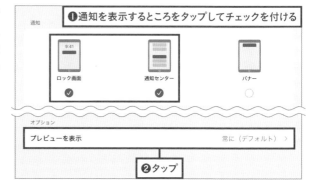

3 設定を選ぶ

[常に]を選択していると、ロックがかかっていても通知のプレビューとしてメールの件名と冒頭部分が表示されます。前述のようにロック画面で通知センターを表示する設定になっていると、メールの内容を見られてしまう恐れがあります。[ロックされていないときのみ]か[しない]を選択しておいたほうが安全です。

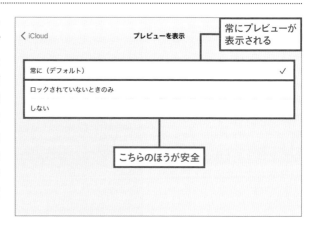

ロック画面からメモにアクセス

1 ロック画面からメモに書き込む

[設定]の[メモ]をタップします。[ロック画面からメモにアクセス]の設定に応じて、ロックを解除しなくてもメモをとることができます。タップして設定を確認しましょう。

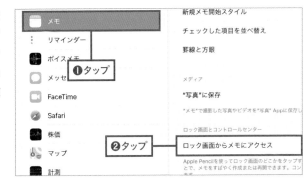

2 勝手に操作されたくない場合はオフにする

[常に新規メモを作成]か[最後のメモを再開]が選択されていると、Apple Pencilでロック画面をタップしたりコントロールセンターを操作したりして、メモをとることができます。勝手に操作されたり最後のメモを見られたりしたくない場合は注意しましょう。

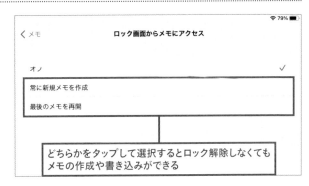

iPadの名前

TIPS

Chapter1の「AirDrop」のページで解説した通り、iPadの名前は[設定]の[一般]→[情報]→[名前]をタップして変更できます。iPadの名前に個人名や会社名などが含まれていると、AirDropを[すべての人]にしたままiPadを外に持ち出したときに周囲のデバイスに表示されてしまいます。セキュリティやプライバシーの保護に気をつけましょう。

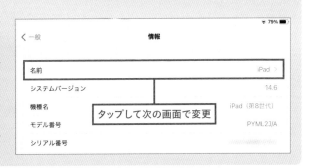

235

03 紛失に備えて「探す」機能を知る

Point
- ●紛失する前に設定を確認しておく
- ●紛失したらアプリやブラウザで探す

　「探す」はデバイスを万一紛失したときに探す機能です。iCloudにサインインすると初期設定でオンになっています。設定を確認しておきましょう。

「探す」機能を設定する

1 [iPadを探す]をオンにする

[設定]を開きます。自分の名前の部分をタップし、[探す]をタップします。次の画面で[iPadを探す]をタップします。

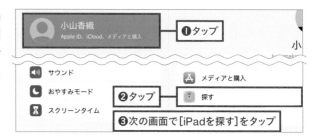

2 設定を確認する

[iPadを探す]がオフになっていたらスイッチをタップしてオンにします。["探す"のネットワーク]と[最後の位置情報を送信]をオンにしておくと、紛失時に探せる可能性が高くなります。

 TIPS 原則としてインターネットに接続していないと探せない

　「探す」は紛失したデバイスの位置情報から見つける機能です。したがって、原則としてiPadがインターネットに接続している必要がありますし、iPadのバッテリーがなくなると探せません。["探す"のネットワーク]と[最後の位置情報を送信]はこのような場合にも探す手がかりを得る機能です。

1　ほかのデバイスで[探す]アプリを起動する

紛失してしまったら、同じApple IDでiCloudにサインインしているiPhoneやiPadで[探す]アプリを起動します。[デバイスを探す]をタップし、紛失したiPadをタップします。

❶[探す]アプリを起動

デバイスを探す

iPad_私用
このiPad
自分が所持中

iPad
東京都 国分寺市・1分前
0.1 km

❷タップ

❸タップ

自分のデバイスがない場合
TIPS
自分のiPhoneやiPadがない場合にパソコンやほかの人のデバイスで探す方法は後述します。

2　音を鳴らしたり紛失モードにしたりする

[サウンドを再生]をタップすると、紛失したiPadから音が鳴るので近くにいる人が気づいてくれるかもしれません。紛失モードにするには[有効にする]をタップし、確認のメッセージが表示されたら[続ける]をタップします。

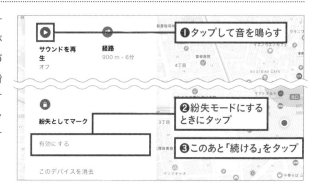

サウンドを再生
オフ

経路
900 m・6分

❶タップして音を鳴らす

紛失としてマーク

有効にする

❷紛失モードにするときにタップ

❸このあと「続ける」をタップ

このデバイスを消去

3　連絡先の電話番号を入力する

見つけた人に連絡してもらうための電話番号を入力し、[次へ]をタップします。ただし入力しなくてもかまいません。

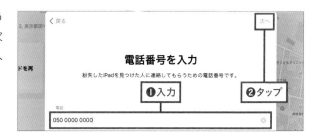

く戻る

次へ

電話番号を入力

紛失したiPadを見つけた人に連絡してもらうための電話番号です。

❶入力

❷タップ

電話

050 0000 0000

4 メッセージを入力する

見つけた人に伝えるメッセージを入力し、[次へ]をタップします。ただし入力しなくてもかまいません。

5 有効にする

[有効にする]をタップします。

6 紛失したiPadが紛失モードになる

紛失したiPadのロック画面はこのような表示になります。パスコードを入力するまでiPadを使うことはできません。パスコードを入力すると紛失モードは解除されます。

7 iPadを消去する

紛失したiPadが戻ってこない場合、機密情報の流出を防ぐなどの目的でiPadのコンテンツと設定をすべて消去することもできます。の画面で[有効にする]の下にある[このデバイスを消去]をタップし、次の画面で[続ける]をタップします。この後、紛失モードにするときと同様に連絡先の電話番号とメッセージを入力します。Apple IDのパスワードを入力して消去します。

> 💡 **消去後は「探す」機能で**
> **HINT 見つけられない**
> コンテンツと設定をすべて消去するため、この後は「探す」機能で見つけられません。

8 ブラウザから探す

ほかの人のスマートフォンやタブレットを借りたり、自分やほかの人のパソコンを使ったりすることもできます。ブラウザでiCloud.comにアクセスし、紛失したiPadのiCloudで使用しているApple IDでサインインします。[iPhoneを探す]をタップします。パスワードを求められた場合は入力して続けます。

9 アプリと同様に操作する

[すべてのデバイス]をタップし、紛失したiPadをタップします。この後は[探す]アプリと同様です。

04 | プライバシーを守る機能を知る

Point
- プライバシーの設定はいつでも変更できる
- マイクやカメラが使われているとインジケータが表示される

　プライバシーを保護するには、どのような情報がどこで使われているかを自分で把握することが重要です。プライバシーの設定と、マイクやカメラの使用について解説します。

プライバシーの設定を変更する

1 アプリの起動時に設定する

例えばカメラや地図などのアプリを初めて起動したときに、位置情報の利用を許可するかどうかを尋ねるダイアログが表示されます。許可するなら[1度だけ許可]か[Appの使用中は許可]をタップします。

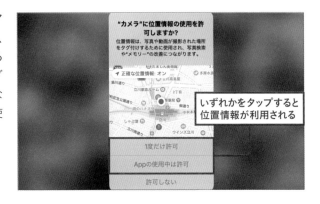

2 あとから設定を変更する

このようなプライバシーに関する設定は、いつでも変更できます。[設定]を開き、[プライバシー]をタップします。ここでは例として[位置情報サービス]をタップします。

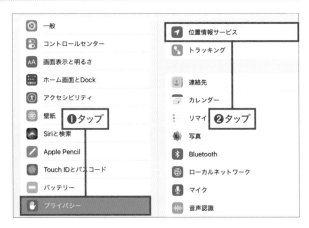

3 アプリを選んで変更する

設定を変更するアプリをタップし、次の画面で利用する設定をタップします。

タップし、次の画面で変更

マイクやカメラの使用に気をつける

1 マイクが使われているとき

マイクが使われているときは画面の右上にオレンジ色の小さなインジケータが表示されます。

マイクが使われていることを示すインジケータ

2 カメラが使われているとき

カメラが使われているときには画面の右上に緑色の小さなインジケータが表示されます。自分が意図しないときにマイクやカメラが使われていないか、気をつけましょう。インジケータが表示されているときか表示された直後に右上から下へスワイプしてコントロールセンターを表示すると、使用したアプリがわかります。

カメラが使われていることを示すインジケータ

スワイプするとどのアプリが使用しているかがわかる

05 自動アップデートの設定をする

Point
- 最新のiPadOSやアプリを使う方が安心
- 会社からバージョンの指定がある場合などは自動アップデートをオフにする

　iPadOSやアプリのアップデートには機能の追加やバグの修正が含まれますが、セキュリティの問題を解決する修正も少なくありません。したがって、できるだけ最新の状態で使う方が安全です。最新の状態で使うには、自動アップデートをオンにしておくと便利です。

　ただし、業務で使うアプリの都合でiPadOSのバージョンが会社から指定されていたり、互換性のためにアプリのバージョンが指定されていたりすることもあります。このような場合には自動アップデートはオフにし、会社の指示に従ってアップデートを手動で実行します。

iPadOSの自動アップデート

1 ソフトウェア・アップデートの設定を開く

[設定] を開き、[一般] →[ソフトウェア・アップデート]をタップします。

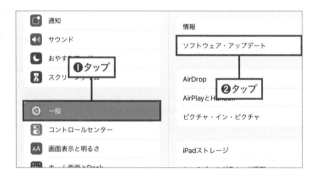

2 自動アップデートの設定を開く

[自動アップデート]をタップします。

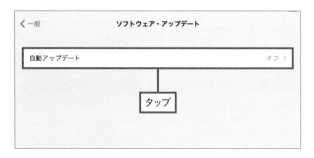

3 ダウンロードとインストールをオンにする

両方の項目のスイッチをタッ
プしてオンにします。Apple
からアップデートが公開され
ると、iPadがWi-Fiに接続し
ていて電源にも接続している
ときに自動でダウンロードとイ
ンストールが実行されます。

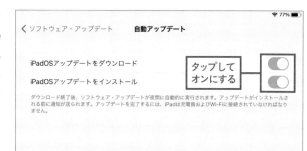

アプリの自動アップデート

1 App Storeの設定からオンにする

[設定]を開き、[App Store]
をタップします。[Appのアッ
プデート]のスイッチをタップ
してオンにします。

HINT　手動でアップデートする

iPadOSやアプリを手動でアップ
デートする方法はChapter1で解
説しています。

TIPS　覗き見に注意

カフェや電車の中などでiPadを使っている
と、周囲の人から画面が見えてしまいます。
機密性の高いファイルやメールなどは人目
のあるところでは開かないのが基本です。
iPad用の覗き見防止フィルムで盗み見の
リスクを低減することもできます。

エレコム TB-A20MFLNSPF4（オープン価格）

06

ネットワークサービスの
セキュリティに配慮する

Point
- 公衆Wi-Fi接続時は機密に関わる情報の通信を避ける
- 外部サービスを使う場合は機密保持契約などに注意

　駅やさまざまな業種の店舗など多くの場所で公衆Wi-Fiが提供されていて、特に携帯回線を利用できないWi-FiモデルのiPadでは便利です。しかしセキュリティのリスクがあることを理解しましょう。インターネットで提供されている便利なサービスも、機密保持が厳しい業務の場合には十分注意が必要です。

■ 公衆Wi-Fiのセキュリティに注意する

公衆Wi-Fiは便利ですが、多くの人が利用できるように開放されているので、データが流出してしまう危険性もあります。業務上の秘密や個人のクレジットカード情報などを伴う通信は避けたほうが無難です。

さまざまな公衆Wi-Fiが提供されている

TIPS　警告が表示されることがある

公衆Wi-Fiに接続しているときに[Safari]でWebを見ようとすると、[接続はプライベートではありません]という警告が表示されることがあります。この場合は利用を避けた方が無難です。また、そのまま閲覧を続けようとしてもWebサイトに接続できないことがあります。

■ 外部サービスのリスクに気をつける

例えばインターネット経由で利用する自動翻訳サービスは近年精度が上がり、便利なものです。自動翻訳サービスでは、文章がサービスを提供しているサーバに送信されて翻訳されます。サービスによっては、データがサーバに一定の期間保存されることもあります。したがって、通信経路やサーバからの流出の恐れはゼロではなく、勤務先や顧客との機密保持契約に違反する恐れもあります。

ほかにも、サーバにデータを転送して利用するサービスには注意が必要です。信頼できる企業のサービスか、自分の業務の機密保持契約に違反しないかなどに注意しましょう。例えばChapter7で紹介したコンビニプリントは、他社のサーバにデータを転送することが契約で禁止されている場合には利用できません。

Chapter10

こんな使い方も便利

iPadには便利な使い方がほかにもたくさんあります。iPadでできることのごく一部ですが、ビジネスに役立つiPadOSの標準の機能や他社製のアプリを紹介します。どこへでも持ち運べてさまざまな用途で使えるiPadを、仕事や生活に欠かせないツールにしましょう。

01 会議などを録音する

Point
- iPadOS標準の[ボイスメモ]アプリがある
- メモをとったタイミングで頭出し再生できる他社製アプリもある

音声を録音するアプリは会議の記録などに便利です。標準で[ボイスメモ]アプリが入っているほか、メモをとったタイミングと連動して再生できる他社製アプリもあります。

iPadOS標準の[ボイスメモ]アプリを使う

1 録音する

iPadには標準で[ボイスメモ]アプリが入っています。アプリを起動します。録音ボタンをタップして開始します。録音中に右下に表示される[完了]をタップして録音を終了します。

HINT 位置情報を使用する

アプリ起動時に位置情報の使用を許可すると、保存される録音データに位置情報が記録されます。

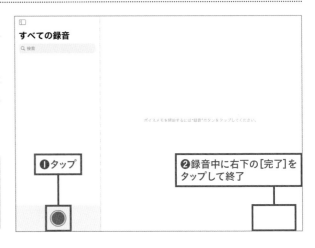

2 再生する

聞きたい録音をタップし、再生ボタンをタップして聞きます。タイトルをタップすると変更できます。

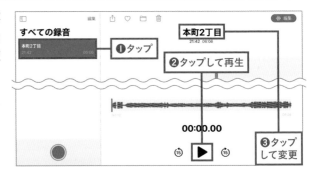

[MetaMoJi Note 2]アプリを使う

1 録音を開始する

録音機能を備えたメモアプリもあります。例として[Meta MoJi Note 2]（執筆時無料）を紹介します。🎤をタップし、録音ボタンをタップして開始します。

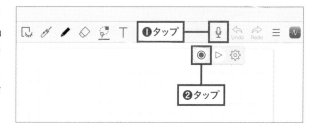

2 メモをとりながら録音する

録音しながらメモをとります。停止ボタンをタップして終了します。

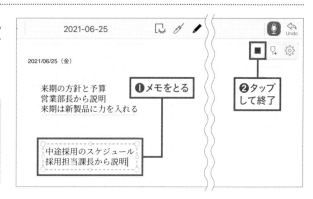

TIPS ペン先などの音に注意

Apple Pencilなどでメモをとると、ペン先が画面に当たる音が録音されてしまいます。外付けキーボードを使うなど工夫してください。

3 メモをとったタイミングから再生できる

🖼をタップして選択し、書いたメモを選択します。[音声]→[作成時刻から再生]をタップすると、このメモをとったタイミングから再生できます。

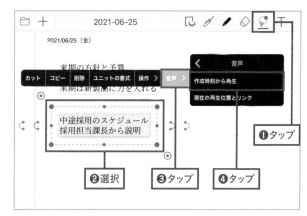

TIPS コントローラを使う

1で示した🎤をタップして再生ボタンをタップすると、下部にコントローラが表示され、任意のタイミングから再生できます。

02 辞書を引く

Point
- ●iPadOS標準の機能で選択した語句をすぐに調べられる
- ●串刺し検索などの便利な機能を備えた他社製アプリもある

　わからない言葉があったらすぐに調べましょう。iPadOS標準の機能と、他社製のアプリを紹介します。

iPadOS標準の機能を使う

1 語句を選択して調べる

図は[Safari]ですが、テキストを選択できる多くのアプリで共通の操作です。語句を選択して[調べる]をタップします。

2 結果が表示される

内蔵の辞書を引いた結果が表示されます。タップすると詳しい説明が表示されます。

他社製の辞書アプリを使う

1 アプリから辞書コンテンツを購入する

例として[辞書 by 物書堂]ア
プリを紹介します。このアプ
リをApp Storeからインス
トールします。このアプリ自体
は無料で、辞書コンテンツを
アプリから購入します。

タップしてこのアプリから
辞書コンテンツを購入

物書堂ストアでコンテンツをダウンロードもしくは購入し
てください。

物書堂ストアを開く

2 語句を入力して検索する

[検索]をタップし、語句を入
力して検索します。複数の辞
書コンテンツがインストール
されていると、串刺し検索さ
れます。

**HINT さまざまな辞書
コンテンツがある**
日本語と英語以外にもさまざまな辞
書コンテンツが提供されています。

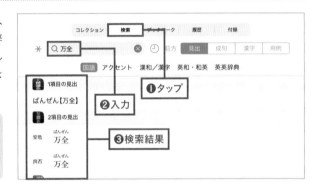

❶タップ
❷入力
❸検索結果

3 クリップボード検索を活用する

ほかのアプリで語句を選択し
てコピーすると、このアプリで
自動で検索される機能もあり
ます。図のようにSplit Viewで
並べて使うとさらに便利です。

**HINT [クリップボード検索]
をオンにする**
この機能を使うには、[辞書 by 物
書堂]アプリで右上の…をタップ
し、[設定]をタップして[クリップ
ボード検索]をオンにします。

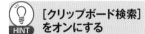

❶選択して
コピー
❷すぐに
検索される

03 タスク管理をする

タスク管理をするアプリもいろいろあります。本書では例として「カンバン方式」をベースにした[Trello]（執筆時点で無料）を紹介します。

1 最初に自動でタイトルボードが作られる

アプリを起動してアカウントとワークスペースを作成すると新規のタイトルボードが自動で作られます。タップすると名前を変更できます。自動で作られている[未タイトルカード]をタップします。

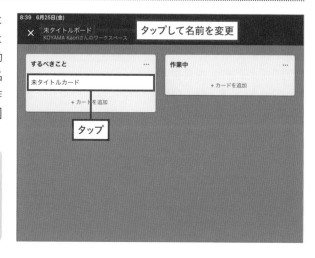

無料で試せる

[Trello]には無料プランと有料プランがあります。無料でも機能は充実しているので、試してみるとよいでしょう。

2 タスクを作成する

タスクのタイトルを入力します。

3 タスクの期限やチェックリストなどを設定する

[開始日] や [期限] をタップし
て日時を設定できます。[チェッ
クリストを追加] をタップする
と、チェックリストを作成でき
ます。設定できたら ✕ をタッ
プして閉じます。この後、[カー
ドを追加] をタップしてタスク
を追加していきます。

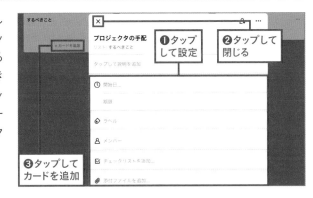

4 進捗に応じてタスクを移動する

開始したタスクを長く押し、ド
ラッグして [作業中] リストへ
移動できます。このようにして
タスクの進捗を管理していき
ます。

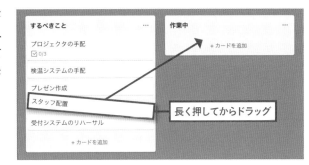

5 リストを追加する

[するべきこと][作業中][完了]
の3つのリストで管理するの
が基本ですが、必要に応じて
リストを追加できます。[リス
トを追加] をタップし、リスト
に名前を付けて追加します。

 **ほかの人と共同で
TIPS タスク管理をする**

右上の ■ からほかのTrelloユー
ザーを自分のボードに招待し、共同
でタスクを管理することもできます。

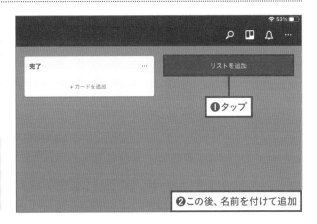

04 計算機や換算のアプリをインストールする

Point
- ●iPadには標準の計算機アプリがない
- ●通貨や単位を換算するアプリもApp Storeにある

iPhoneには標準で[計算機]アプリが入っていますが、iPadには入っていません。使う機会がありそうならApp Storeから入手しておきましょう。通貨や単位を換算するアプリもApp Storeにあります。

■ 計算機のアプリを見つける

App Storeを開き、「計算機」などの言葉で検索すると計算機のアプリが見つかります。好みに合いそうなものをインストールしましょう。

■ 換算のアプリを見つける

同様に、App Storeを「換算」などの言葉で検索すると通貨や単位を換算するアプリが見つかります。

❶App Storeを検索

❷通貨や単位などを換算するアプリがある

05 災害情報アプリをインストールする

iPhoneのOSには緊急地震速報の通知を受ける機能がありますが、iPadにはありません。iPadでも災害に関する通知を受けられるようにしておくと安心です。

■ [NHKニュース・防災]アプリを使う

[NHKニュース・防災]アプリ（執筆時無料）をインストールします。地域を最大3か所設定し、地震や土砂災害などのほか、ニュース速報の通知も受けられます。

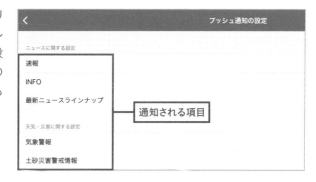

■ [Yahoo!防災速報]アプリを使う

[Yahoo!防災速報]アプリ（執筆時無料）をインストールします。iPhone用アプリですがiPadでも利用できます。こちらも地域を最大3か所設定し、地震のほか大雨や熱中症情報などさまざまな防災関連情報の通知を受けられます。

HINT **この図は拡大表示**

この図はiPhone用アプリをiPadの画面に拡大表示した図です。右下の●をタップして拡大できます。

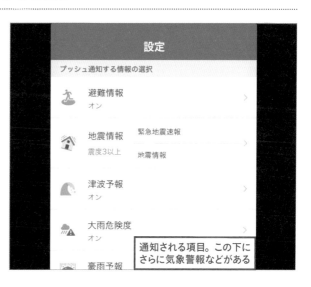

著者プロフィール

小山香織　KOYAMA Kaori

ライター、翻訳者、トレーナー。Apple製品やビジネス系アプリなどに関する著書多数。雑誌や
Web媒体にもハウツー記事やニュース、取材記事を寄稿。近著に『iPadマスターブック2021』、訳
書に『世界で闘うプロダクトマネジャーになるための本 トップIT企業のPMとして就職する方法』、
『シンプルでよく効く資料作成の原則 コンテンツとデザインからプレゼンを変える』(小社刊)など。

STAFF

DTP	富 宗治
ブックデザイン	納谷祐史
担当	伊佐知子

本書の内容に関するお問合せは、pc-books@mynavi.jpまで、書名を明記の上お送りください。電話による
ご質問には一切お答えできません。また本書の内容以外についてのご質問についてもお答えできませんので、
あらかじめご了承ください。

ビジネスiPad 目指せ達人 基本&活用術

2021年8月27日　初版第1刷発行

著者	小山香織
発行者	滝口直樹
発行所	株式会社 マイナビ出版
	〒101-0003　東京都千代田区一ツ橋2-6-3　一ツ橋ビル 2F
	TEL：0480-38-6872 (注文専用ダイヤル)
	TEL：03-3556-2731 (販売)
	TEL：03-3556-2736 (編集)
	編集問い合わせ先：pc-books@mynavi.jp
	URL：https://book.mynavi.jp
印刷・製本	株式会社ルナテック